Name

这是我的料理手账

My Kitchen Notebook

食帖番组 主编

中信出版集团·北京

图书在版编目（CIP）数据

这是我的料理手账 / 食帖番组编.-- 北京：中信出版社，2018.6
ISBN 978-7-5086-7469-8

Ⅰ.①这… Ⅱ.①食… Ⅲ.①烹饪－指南 Ⅳ.①TS972.1-62

中国版本图书馆CIP数据核字（2018）第053978号

这是我的料理手账

主　　编：食帖番组
出版发行：中信出版集团股份有限公司
（北京市朝阳区惠新东街甲4号富盛大厦2座　邮编　100029）
承 印 者：北京尚唐印刷包装有限公司

开　　本：155mm×230mm　1/16　　印　　张：10.5　　字　数：20千字
版　　次：2018年6月第1版　　印　　次：2018年6月第1次印刷
广告经营许可证：京朝工商广字第8087号
书　　号：ISBN 978-7-5086-7469-8
定　　价：89.80元

目 录
CONTENTS

▶ 料理成品展示区。可以手绘，也可以贴照片，或者以其他任何你喜欢的形式。

Share With
一起分享的人

自己

Comment
Ta的评价

太简单了！

太好吃！！

适合当早餐

Memo
笔 记

这种开放式三明治是完全可以有很多很多种搭配～
番茄+罗勒+马苏里拉奶酪
这种搭配是很经典的意式组合
经典意式沙拉Caprese Sala
用的就是这三种材料～

▶ 这道料理是和谁一起分享的？
如果是一个人吃的，就写自己

▶ 一起分享的人的评价，或是自己的简短评价

▶ 有关这道料理的其他感想和记录。
比如，为什么想做这道菜？
为什么喜欢它？
制作或吃它的时候，是否发生了什么特别的事？
吃完它，有哪些想法？

▶ 这份食谱是从哪里获得的？或者是原创的？

▶ 烹饪所花的时间

▶ 这道料理的名称，可以自己定

▶ 购买食材等的花费，大致即可

▶ 这道料理的大致热量预估，可以参考书后的食材热量表

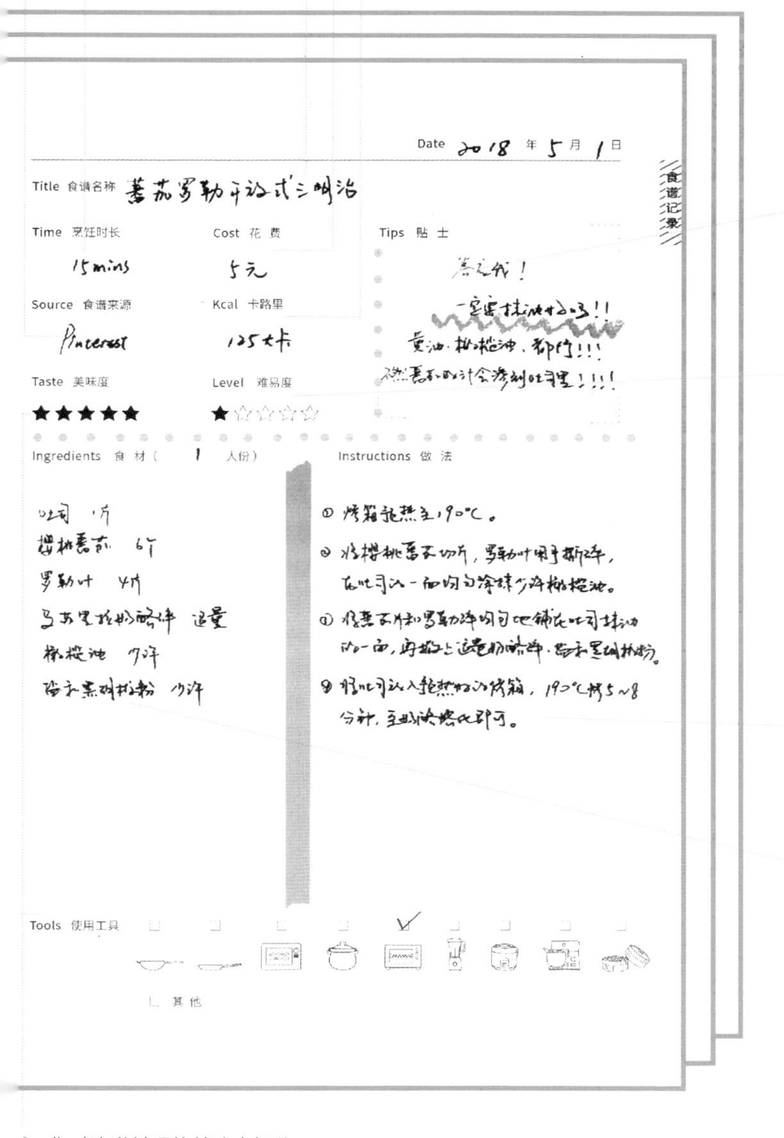

▶ 试做这道料理时发现的小技巧或注意事项

▶ 1星 超级简单
2星 比较简单
3星 一般
4星 有点复杂
5星 超级难

▶ 这道料理的制作步骤

▶ 这道料理的所需食材

▶ 你对这道料理的美味度打分：
1星 黑暗料理，不好吃但太特别，所以记一下
2星 自己不算喜欢，但有人喜欢，所以记一下
3星 味道一般，但这种做法很有趣，所以记一下
4星 味道满意，值得经常做
5星 味道惊艳，值得一生收藏

▶ 使用工具： 中式炒锅 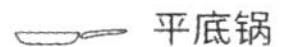 平底锅  微波炉  汤 锅 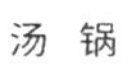  电饭煲
 搅拌机  厨师机  烤 箱  蒸 笼

Examples

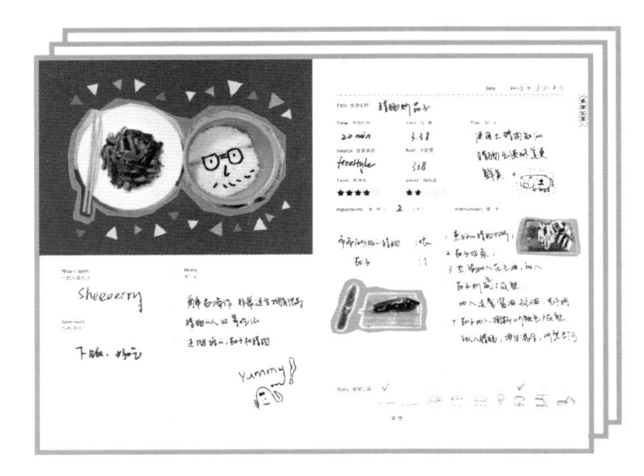

▶ 食帖编辑部X君的最爱食谱记录：腊肠炒茄子。腊肠是爷爷做的。

▶ 编辑部F君是食帖视频节目《孤独的吃吃吃》的导演，平时不常吃炸物，在节目里做过一次炸猪排三明治后却疯狂爱上，她说这道食谱非记下来不可。

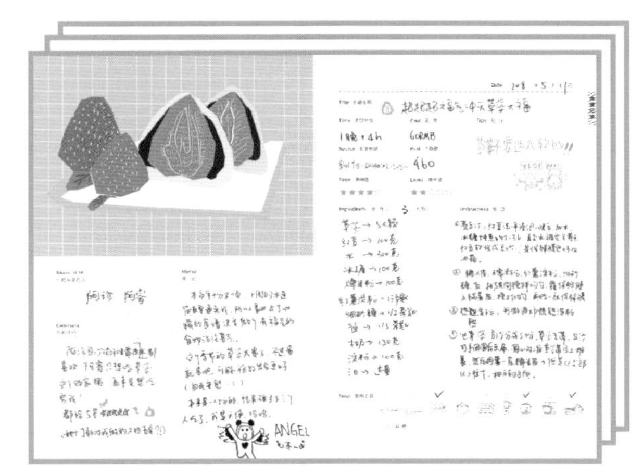

▶ 编辑部Z君终于学会制作好吃的草莓大福。这道食谱是她试错多次后总结而成，获得编辑部其他成员一致好评。

2 How to Use 使用指南

▶ 购买时的价格

▶ 调味品的名称

▶ 从哪里购买的？

▶ 何时购买的？

▶ 对这款调味品的评价、感想、适合菜式等的记录

Share With
一起分享的人

Comment
Ta的评价

Memo
笔 记

Date 年 月 日

Title 食谱名称

Time 烹饪时长

Cost 花 费

Tips 贴 士

Source 食谱来源

Kcal 卡路里

Taste 美味度

☆☆☆☆☆

Level 难易度

☆☆☆☆☆

Ingredients 食 材（ 人份）

Instructions 做 法

Tools 使用工具

☐ ☐ ☐ ☐ ☐ ☐ ☐ ☐ ☐

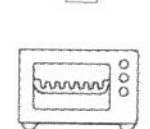

☐ 其 他

Share With
一起分享的人

Comment
Ta的评价

Memo
笔 记

Date 年 月 日

Title 食谱名称

Time 烹饪时长

Cost 花 费

Tips 贴 士

Source 食谱来源

Kcal 卡路里

Taste 美味度

☆☆☆☆☆

Level 难易度

☆☆☆☆☆

Ingredients 食 材（ 人份）

Instructions 做 法

Tools 使用工具

☐ ☐ ☐ ☐ ☐ ☐ ☐ ☐ ☐

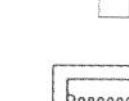

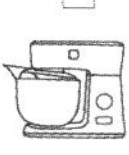

☐ 其 他

Share With
一起分享的人

Comment
Ta的评价

Memo
笔　记

Date 年 月 日

Title 食谱名称

Time 烹饪时长

Cost 花 费

Tips 贴 士

Source 食谱来源

Kcal 卡路里

Taste 美味度

☆☆☆☆☆

Level 难易度

☆☆☆☆☆

Ingredients 食 材（ 人份）

Instructions 做 法

Tools 使用工具

□ □ □ □ □ □ □ □ □

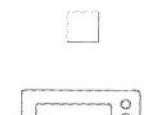

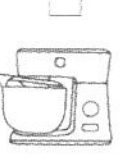

□ 其 他

Share With
一起分享的人

Comment
Ta的评价

Memo
笔　记

Date 年 月 日

Title 食谱名称

Time 烹饪时长

Cost 花 费

Tips 贴 士

Source 食谱来源

Kcal 卡路里

Taste 美味度

☆☆☆☆☆

Level 难易度

☆☆☆☆☆

Ingredients 食 材（ 人份）

Instructions 做 法

Tools 使用工具

☐ ☐ ☐ ☐ ☐ ☐ ☐ ☐ ☐

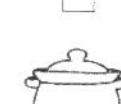
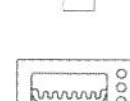

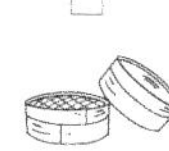

☐ 其 他

Share With
一起分享的人

Memo
笔 记

Comment
Ta的评价

Date 年 月 日

Title 食谱名称

Time 烹饪时长 Cost 花 费 Tips 贴 士

Source 食谱来源 Kcal 卡路里

Taste 美味度 Level 难易度

☆☆☆☆☆ ☆☆☆☆☆

Ingredients 食 材（ 人份） Instructions 做 法

Tools 使用工具

□ 
□ 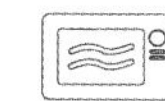
□ 
□ 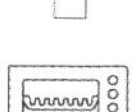
□ 
□ 
□ 
□ 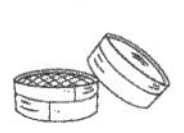

□ 其 他

Share With
一起分享的人

Comment
Ta的评价

Memo
笔　记

Date 年 月 日

Title 食谱名称

Time 烹饪时长

Cost 花 费

Tips 贴 士

Source 食谱来源

Kcal 卡路里

Taste 美味度

☆☆☆☆☆

Level 难易度

☆☆☆☆☆

Ingredients 食 材（ 人份）

Instructions 做 法

Tools 使用工具

□ 
□ 
□ 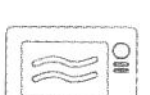
□ 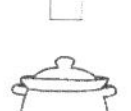
□ 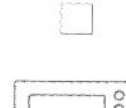
□ 
□ 
□ 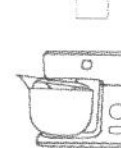
□ 

□ 其 他

Share With
一起分享的人

Comment
Ta的评价

Memo
笔　记

Date 年 月 日

食谱记录

Title 食谱名称

Time 烹饪时长

Cost 花 费

Tips 贴 士

Source 食谱来源

Kcal 卡路里

Taste 美味度

☆☆☆☆☆

Level 难易度

☆☆☆☆☆

Ingredients 食 材（ 人份）

Instructions 做 法

Tools 使用工具

□ □ □ □ □ □ □ □ □

   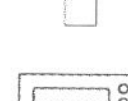  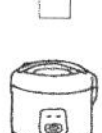 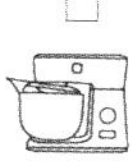 

□ 其 他

Share With
一起分享的人

Comment
Ta的评价

Memo
笔 记

Date 年 月 日

Title 食谱名称

Time 烹饪时长

Cost 花 费

Tips 贴 士

Source 食谱来源

Kcal 卡路里

Taste 美味度

☆☆☆☆☆

Level 难易度

☆☆☆☆☆

Ingredients 食 材（ 人份）

Instructions 做 法

Tools 使用工具

□ 

□ 

□ 

□ 

□ 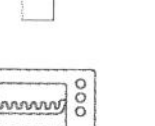

□ 

□ 

□ 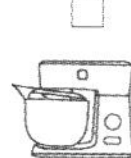

□ 

□ 其 他

Share With
一起分享的人

Memo
笔　记

Comment
Ta的评价

Date 年 月 日

Title 食谱名称

Time 烹饪时长

Cost 花 费

Tips 贴 士

Source 食谱来源

Kcal 卡路里

Taste 美味度

Level 难易度

Ingredients 食 材（ 人份）

Instructions 做 法

Tools 使用工具

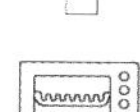

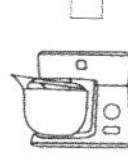

☐ 其 他

Share With
一起分享的人

Comment
Ta的评价

Memo
笔　记

Date 年 月 日

食谱记录

Title 食谱名称

Time 烹饪时长　Cost 花 费　Tips 贴 士

Source 食谱来源　Kcal 卡路里

Taste 美味度　Level 难易度

☆☆☆☆☆　☆☆☆☆☆

Ingredients 食 材（ 人份）

Instructions 做 法

Tools 使用工具 □ □ □ □ □ □ □ □ □

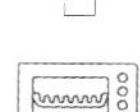

□ 其 他

Share With

一起分享的人

Comment

Ta的评价

Memo

笔　记

Date 年 月 日

Title 食谱名称

Time 烹饪时长

Cost 花 费

Tips 贴 士

Source 食谱来源

Kcal 卡路里

Taste 美味度

☆☆☆☆☆

Level 难易度

☆☆☆☆☆

Ingredients 食 材（ 人份）

Instructions 做 法

Tools 使用工具

□ □ □ □ □ □ □ □ □

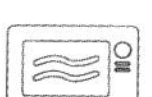
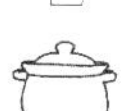
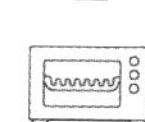

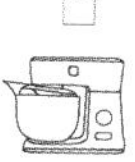

□ 其 他

Share With
一起分享的人

Comment
Ta的评价

Memo
笔　记

Date 年 月 日

Title 食谱名称

Time 烹饪时长

Cost 花 费

Tips 贴 士

Source 食谱来源

Kcal 卡路里

Taste 美味度

Level 难易度

Ingredients 食 材（ 人份）

Instructions 做 法

Tools 使用工具

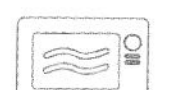

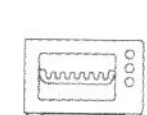

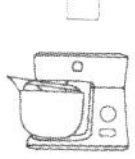

□ 其 他

Share With
一起分享的人

Comment
Ta的评价

Memo
笔 记

Date 年 月 日

Title 食谱名称

Time 烹饪时长

Cost 花 费

Tips 贴 士

Source 食谱来源

Kcal 卡路里

Taste 美味度

☆☆☆☆☆

Level 难易度

☆☆☆☆☆

Ingredients 食 材（ 人份）

Instructions 做 法

Tools 使用工具

☐ ☐ ☐ ☐ ☐ ☐ ☐ ☐ ☐

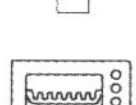

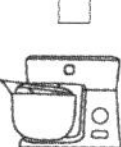
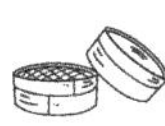

☐ 其 他

Share With
一起分享的人

Comment
Ta的评价

Memo
笔　记

Date 年 月 日

Title 食谱名称

Time 烹饪时长

Cost 花 费

Tips 贴 士

Source 食谱来源

Kcal 卡路里

Taste 美味度

☆☆☆☆☆

Level 难易度

☆☆☆☆☆

Ingredients 食 材（ 人份）

Instructions 做 法

Tools 使用工具

□ □ □ □ □ □ □ □ □

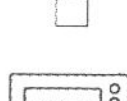

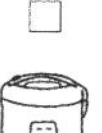
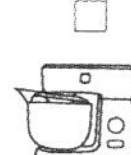

□ 其 他

Share With
一起分享的人

Comment
Ta的评价

Memo
笔 记

Date 年 月 日

Title 食谱名称

Time 烹饪时长

Cost 花 费

Tips 贴 士

Source 食谱来源

Kcal 卡路里

Taste 美味度

☆☆☆☆☆

Level 难易度

☆☆☆☆☆

Ingredients 食 材（ 人份）

Instructions 做 法

Tools 使用工具

□ □ □ □ □ □ □ □ □

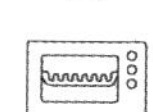

□ 其 他

Share With
一起分享的人

Comment
Ta的评价

Memo
笔 记

Date　　年　　月　　日

Title 食谱名称

Time 烹饪时长

Cost 花 费

Tips 贴 士

Source 食谱来源

Kcal 卡路里

Taste 美味度

☆☆☆☆☆

Level 难易度

☆☆☆☆☆

Ingredients 食 材（　　人份）

Instructions 做 法

Tools 使用工具

☐ ☐ ☐ ☐ ☐ ☐ ☐ ☐ ☐

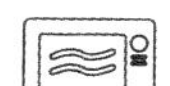

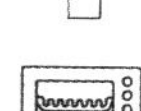

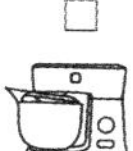

☐ 其 他

Share With
一起分享的人

Comment
Ta的评价

Memo
笔 记

Date　年　月　日

Title 食谱名称

Time 烹饪时长

Cost 花 费

Tips 贴 士

Source 食谱来源

Kcal 卡路里

Taste 美味度

☆☆☆☆☆

Level 难易度

☆☆☆☆☆

Ingredients 食 材（　人份）

Instructions 做 法

Tools 使用工具

☐ ☐ ☐ ☐ ☐ ☐ ☐ ☐ ☐

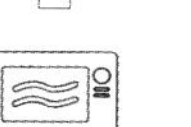

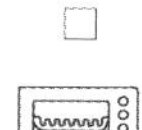

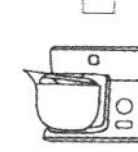

☐ 其 他

Share With

一起分享的人

Comment

Ta的评价

Memo

笔　记

Date 年 月 日

食谱记录

Title 食谱名称

Time 烹饪时长

Cost 花 费

Tips 贴 士

Source 食谱来源

Kcal 卡路里

Taste 美味度

☆☆☆☆☆

Level 难易度

☆☆☆☆☆

Ingredients 食 材（ 人份）

Instructions 做 法

Tools 使用工具

□ □ □ □ □ □ □ □ □

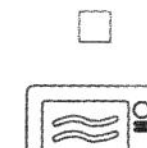

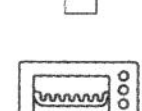

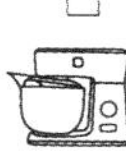

□ 其 他

Share With
一起分享的人

Comment
Ta的评价

Memo
笔　记

Date 年 月 日

Title 食谱名称

Time 烹饪时长

Cost 花 费

Tips 贴 士

Source 食谱来源

Kcal 卡路里

Taste 美味度

☆☆☆☆☆

Level 难易度

☆☆☆☆☆

Ingredients 食 材（ 人份）

Instructions 做 法

Tools 使用工具

□ 

□ 

□ 

□ 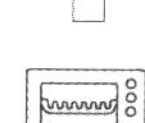

□ 

□ 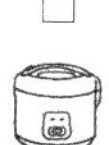

□ 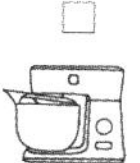

□ 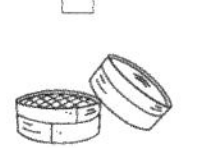

□ 其 他

Share With
一起分享的人

Comment
Ta的评价

Memo
笔 记

Date 年 月 日

Title 食谱名称

Time 烹饪时长

Cost 花 费

Tips 贴 士

Source 食谱来源

Kcal 卡路里

Taste 美味度

☆☆☆☆☆

Level 难易度

☆☆☆☆☆

Ingredients 食 材（ 人份）

Instructions 做 法

Tools 使用工具

□ □ □ □ □ □ □ □ □

□ 其 他

Share With
一起分享的人

Comment
Ta的评价

Memo
笔 记

Date　　　　年　　月　　日

Title 食谱名称

Time 烹饪时长

Cost 花 费

Tips 贴 士

Source 食谱来源

Kcal 卡路里

Taste 美味度

☆☆☆☆☆

Level 难易度

☆☆☆☆☆

Ingredients 食 材（　　人份）

Instructions 做 法

Tools 使用工具

☐ ☐ 

☐ 

☐ 

☐ 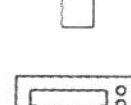

☐ 

☐ 

☐ 

☐ 

☐ 其 他

Share With
一起分享的人

Comment
Ta的评价

Memo
笔　记

Date　　　　年　　月　　日

Title 食谱名称

Time 烹饪时长

Cost 花 费

Tips 贴 士

Source 食谱来源

Kcal 卡路里

Taste 美味度

☆☆☆☆☆

Level 难易度

☆☆☆☆☆

Ingredients 食 材（　　人份）

Instructions 做 法

Tools 使用工具

□ □ □ □ □ □ □ □ □

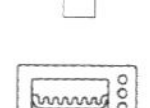

□ 其 他

Share With
一起分享的人

Comment
Ta的评价

Memo
笔　记

Date 年 月 日

食谱记录

Title 食谱名称

Time 烹饪时长

Cost 花 费

Tips 贴 士

Source 食谱来源

Kcal 卡路里

Taste 美味度

☆☆☆☆☆

Level 难易度

☆☆☆☆☆

Ingredients 食 材（ 人份）

Instructions 做 法

Tools 使用工具

□ □ □ □ □ □ □ □ □

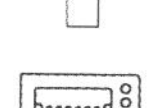

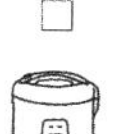
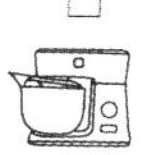
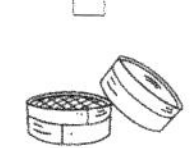

□ 其 他

Share With
一起分享的人

Comment
Ta的评价

Memo
笔 记

Date　　　　年　　月　　日

食谱记录

Title 食谱名称

Time 烹饪时长

Cost 花 费

Tips 贴 士

Source 食谱来源

Kcal 卡路里

Taste 美味度

☆☆☆☆☆

Level 难易度

☆☆☆☆☆

Ingredients 食 材（　　　人份）

Instructions 做 法

Tools 使用工具

□ □ □ □ □ □ □ □ □

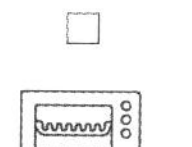

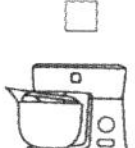

□ 其 他

Share With
一起分享的人

Comment
Ta的评价

Memo
笔　记

Date 年 月 日

Title 食谱名称

Time 烹饪时长

Cost 花 费

Tips 贴 士

Source 食谱来源

Kcal 卡路里

Taste 美味度

☆☆☆☆☆

Level 难易度

☆☆☆☆☆

Ingredients 食 材（ 人份）

Instructions 做 法

Tools 使用工具

□ 

□ 

□ 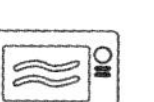

□ 

□ 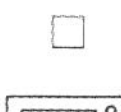

□ 

□ 

□ 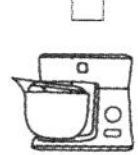

□ 

□ 其 他

Share With
一起分享的人

Comment
Ta的评价

Memo
笔 记

Date 年 月 日

Title 食谱名称

Time 烹饪时长

Cost 花 费

Tips 贴 士

Source 食谱来源

Kcal 卡路里

Taste 美味度

☆☆☆☆☆

Level 难易度

☆☆☆☆☆

Ingredients 食 材（ 人份）

Instructions 做 法

Tools 使用工具

☐ ☐ ☐ ☐ ☐ ☐ ☐ ☐ ☐

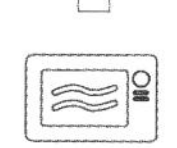

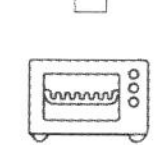

☐ 其 他

Share With
一起分享的人

Comment
Ta的评价

Memo
笔　记

Date 年 月 日

Title 食谱名称

Time 烹饪时长　　Cost 花 费　　Tips 贴 士

Source 食谱来源　　Kcal 卡路里

Taste 美味度　　Level 难易度

☆☆☆☆☆　　☆☆☆☆☆

Ingredients 食 材（ 人份）

Instructions 做 法

Tools 使用工具

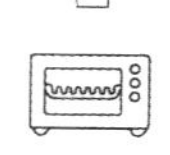

□ 其 他

Share With
一起分享的人

Comment
Ta的评价

Memo
笔　记

Date 年 月 日

Title 食谱名称

Time 烹饪时长

Cost 花 费

Tips 贴 士

Source 食谱来源

Kcal 卡路里

Taste 美味度

Level 难易度

☆☆☆☆☆

Ingredients 食 材（ 人份）

Instructions 做 法

Tools 使用工具

☐ ☐ ☐ ☐ ☐ ☐ ☐ ☐ ☐

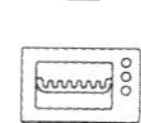

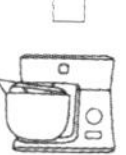

☐ 其 他

Share With
一起分享的人

Comment
Ta的评价

Memo
笔　记

Date 年 月 日

Title 食谱名称

Time 烹饪时长

Cost 花 费

Tips 贴 士

Source 食谱来源

Kcal 卡路里

Taste 美味度

☆☆☆☆☆

Level 难易度

☆☆☆☆☆

Ingredients 食 材（ 人份）

Instructions 做 法

Tools 使用工具

□ □ □ □ □ □ □ □ □

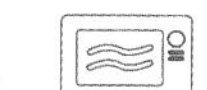

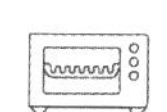

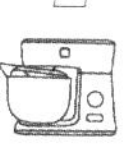

□ 其 他

Share With
一起分享的人

Comment
Ta的评价

Memo
笔　记

Date 年 月 日

Title 食谱名称

Time 烹饪时长

Cost 花 费

Tips 贴 士

Source 食谱来源

Kcal 卡路里

Taste 美味度

☆☆☆☆☆

Level 难易度

☆☆☆☆☆

Ingredients 食 材（ 人份）

Instructions 做 法

Tools 使用工具

□ □ □ □ □ □ □ □ □

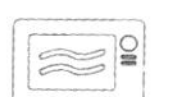

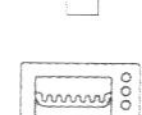

□ 其 他

Share With
一起分享的人

Comment
Ta的评价

Memo
笔　记

Date 年 月 日

Title 食谱名称

Time 烹饪时长

Cost 花 费

Tips 贴 士

Source 食谱来源

Kcal 卡路里

Taste 美味度

Level 难易度

Ingredients 食 材（ 人份）

Instructions 做 法

Tools 使用工具

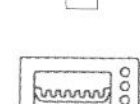

☐ 其 他

Share With

一起分享的人

Comment

Ta的评价

Memo

笔　记

Date 年 月 日

Title 食谱名称

Time 烹饪时长　　Cost 花 费　　Tips 贴 士

Source 食谱来源　　Kcal 卡路里

Taste 美味度　　Level 难易度

Ingredients 食 材（ 人份）

Instructions 做 法

Tools 使用工具

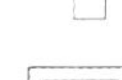

□ 其 他

Share With
一起分享的人

Comment
Ta的评价

Memo
笔　记

Date 年 月 日

食谱记录

Title 食谱名称

Time 烹饪时长

Cost 花 费

Tips 贴 士

Source 食谱来源

Kcal 卡路里

Taste 美味度

☆☆☆☆☆

Level 难易度

☆☆☆☆☆

Ingredients 食 材（ 人份）

Instructions 做 法

Tools 使用工具

□ □ □ □ □ □ □ □ □

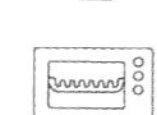

□ 其 他

Share With
一起分享的人

Comment
Ta的评价

Memo
笔　记

Date　　年　月　日

Title 食谱名称

Time 烹饪时长

Cost 花 费

Tips 贴 士

Source 食谱来源

Kcal 卡路里

Taste 美味度

☆☆☆☆☆

Level 难易度

☆☆☆☆☆

Ingredients 食 材（　　人份）

Instructions 做 法

Tools 使用工具

□ □ □ □ □ □ □ □ □

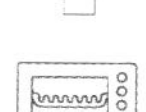

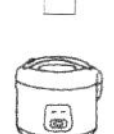
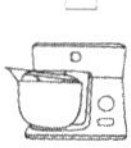

□ 其 他

Share With
一起分享的人

Comment
Ta的评价

Memo
笔　记

Date　　　年　　月　　日

食谱记录

Title 食谱名称

Time 烹饪时长

Cost 花 费

Tips 贴 士

Source 食谱来源

Kcal 卡路里

Taste 美味度

☆☆☆☆☆

Level 难易度

☆☆☆☆☆

Ingredients 食 材（　　人份）

Instructions 做 法

Tools 使用工具

□ □ □ □ □ □ □ □ □

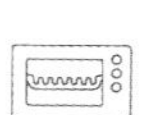

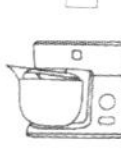

□ 其 他

Share With
一起分享的人

Comment
Ta的评价

Memo
笔　记

Date 年 月 日

Title 食谱名称

Time 烹饪时长　　Cost 花 费　　Tips 贴 士

Source 食谱来源　　Kcal 卡路里

Taste 美味度　　Level 难易度

☆☆☆☆☆　　☆☆☆☆☆

Ingredients 食 材（ 人份）　　Instructions 做 法

Tools 使用工具

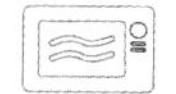

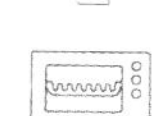

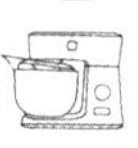

□ 其 他

Share With
一起分享的人

Comment
Ta的评价

Memo
笔 记

Date 年 月 日

食谱记录

Title 食谱名称

Time 烹饪时长

Cost 花 费

Tips 贴 士

Source 食谱来源

Kcal 卡路里

Taste 美味度

☆☆☆☆☆

Level 难易度

☆☆☆☆☆

Ingredients 食 材（ 人份）

Instructions 做 法

Tools 使用工具

□ 

□ 

□ 

□ 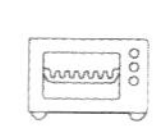

□ 

□ 

□ 

□ 

□ 其 他

Share With
一起分享的人

Comment
Ta的评价

Memo
笔　记

Date 年 月 日

Title 食谱名称

Time 烹饪时长 Cost 花 费 Tips 贴 士

Source 食谱来源 Kcal 卡路里

Taste 美味度 ☆☆☆☆☆ Level 难易度 ☆☆☆☆☆

Ingredients 食 材（ 人份） Instructions 做 法

Tools 使用工具

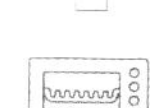

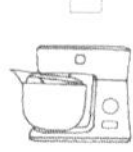

□ 其 他

Share With
一起分享的人

Comment
Ta的评价

Memo
笔　记

Date 年 月 日

Title 食谱名称

Time 烹饪时长

Cost 花费

Tips 贴士

Source 食谱来源

Kcal 卡路里

Taste 美味度

☆☆☆☆☆

Level 难易度

☆☆☆☆☆

Ingredients 食材（ 人份）

Instructions 做法

Tools 使用工具

□ □ □ □ □ □ □ □ □

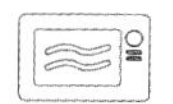

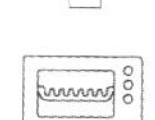

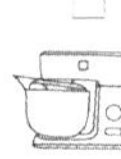

□ 其他

Share With

一起分享的人

Comment

Ta的评价

Memo

笔　记

Date　　　　年　　月　　日

Title 食谱名称

Time 烹饪时长

Cost 花 费

Tips 贴 士

Source 食谱来源

Kcal 卡路里

Taste 美味度

☆☆☆☆☆

Level 难易度

☆☆☆☆☆

Ingredients 食 材（　　　人份）

Instructions 做 法

Tools 使用工具

□ □ □ □ □ □ □ □ □

 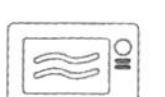      

□ 其 他

Share With
一起分享的人

Comment
Ta的评价

Memo
笔　记

Date 年 月 日

Title 食谱名称

Time 烹饪时长

Cost 花 费

Tips 贴 士

Source 食谱来源

Kcal 卡路里

Taste 美味度

☆☆☆☆☆

Level 难易度

☆☆☆☆☆

Ingredients 食 材（ 人份）

Instructions 做 法

Tools 使用工具

□ 

□ 

□ 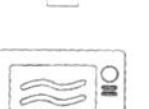

□ 

□ 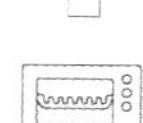

□ 

□ 

□ 

□ 

□ 其 他

Share With
一起分享的人

Comment
Ta的评价

Memo
笔　记

Date 年 月 日

Title 食谱名称

Time 烹饪时长

Cost 花 费

Tips 贴 士

Source 食谱来源

Kcal 卡路里

Taste 美味度

☆☆☆☆☆

Level 难易度

☆☆☆☆☆

Ingredients 食 材（ 人份）

Instructions 做 法

Tools 使用工具

□ □ □ □ □ □ □ □ □

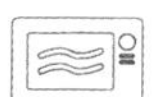

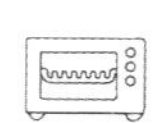

□ 其 他

Share With
一起分享的人

Comment
Ta的评价

Memo
笔　记

Date 年 月 日

Title 食谱名称

Time 烹饪时长

Cost 花 费

Tips 贴 士

Source 食谱来源

Kcal 卡路里

Taste 美味度

☆☆☆☆☆

Level 难易度

Ingredients 食 材（ 人份）

Instructions 做 法

Tools 使用工具

☐ ☐ ☐ ☐ ☐ ☐ ☐ ☐ ☐

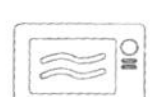

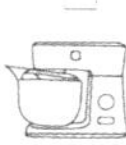

☐ 其 他

Share With
一起分享的人

Comment
Ta的评价

Memo
笔　记

Date 年 月 日

Title 食谱名称

Time 烹饪时长

Cost 花 费

Tips 贴 士

Source 食谱来源

Kcal 卡路里

Taste 美味度

Level 难易度

Ingredients 食 材（ 人份）

Instructions 做 法

Tools 使用工具

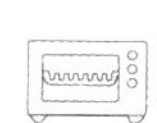

□ 其 他

Share With
一起分享的人

Comment
Ta的评价

Memo
笔　记

Date 年 月 日

Title 食谱名称

Time 烹饪时长

Cost 花 费

Tips 贴 士

Source 食谱来源

Kcal 卡路里

Taste 美味度

☆☆☆☆☆

Level 难易度

☆☆☆☆☆

Ingredients 食 材（ 人份）

Instructions 做 法

Tools 使用工具

□ □ □ □ □ □ □ □ □

□ 其 他

Share With
一起分享的人

Comment
Ta的评价

Memo
笔　记

Date 年 月 日

Title 食谱名称

Time 烹饪时长

Cost 花 费

Tips 贴 士

Source 食谱来源

Kcal 卡路里

Taste 美味度

Level 难易度

Ingredients 食 材（ 人份）

Instructions 做 法

Tools 使用工具

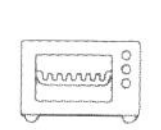

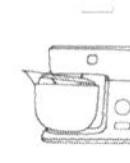

□ 其 他

Share With
一起分享的人

Comment
Ta的评价

Memo
笔　记

Date 年 月 日

Title 食谱名称

Time 烹饪时长

Cost 花 费

Tips 贴 士

Source 食谱来源

Kcal 卡路里

Taste 美味度

Level 难易度

Ingredients 食 材（ 人份）

Instructions 做 法

Tools 使用工具

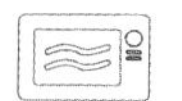

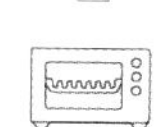

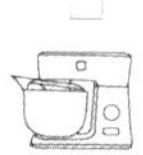

□ 其 他

Share With

一起分享的人

Comment

Ta的评价

Memo

笔　记

Date 年 月 日

食谱记录

Title 食谱名称

Time 烹饪时长

Cost 花 费

Tips 贴 士

Source 食谱来源

Kcal 卡路里

Taste 美味度

☆☆☆☆☆

Level 难易度

☆☆☆☆☆

Ingredients 食 材（ 人份）

Instructions 做 法

Tools 使用工具

□ □ □ □ □ □ □ □ □

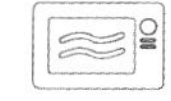

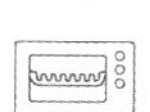

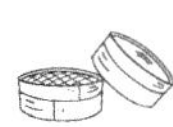

□ 其 他

Share With
一起分享的人

Comment
Ta的评价

Memo
笔　记

Date 年 月 日

Title 食谱名称

Time 烹饪时长

Cost 花 费

Tips 贴 士

Source 食谱来源

Kcal 卡路里

Taste 美味度

Level 难易度

Ingredients 食 材（ 人份）

Instructions 做 法

Tools 使用工具

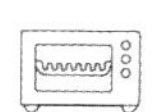

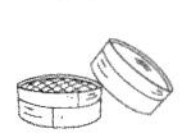

□ 其 他

Share With
一起分享的人

Comment
Ta的评价

Memo
笔 记

Date 年 月 日

Title 食谱名称

Time 烹饪时长　　Cost 花 费　　Tips 贴 士

Source 食谱来源　　Kcal 卡路里

Taste 美味度 ☆☆☆☆☆　　Level 难易度 ☆☆☆☆☆

Ingredients 食 材（ 人份）　　Instructions 做 法

Tools 使用工具 □ □ □ □ □ □ □ □ □

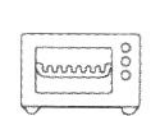

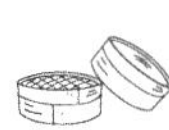

□ 其 他

My Favorite Seasonings
最爱调味品记录

Product 品 名

Price 价 格 | Shop 购买渠道 | Date 购买日期

Comment 感 想

Product 品 名

Price 价 格 | Shop 购买渠道 | Date 购买日期

Comment 感 想

Product 品 名

Price 价 格 | Shop 购买渠道 | Date 购买日期

Comment 感 想

Product 品 名

Price 价 格 | Shop 购买渠道 | Date 购买日期

Comment 感 想

Product 品 名

Price 价 格　　Shop 购买渠道　　Date 购买日期

Comment 感 想

Product 品 名

Price 价 格　　Shop 购买渠道　　Date 购买日期

Comment 感 想

Product 品 名

Price 价 格　　Shop 购买渠道　　Date 购买日期

Comment 感 想

Product 品 名

Price 价 格　　Shop 购买渠道　　Date 购买日期

Comment 感 想

Product 品 名

Price 价 格　　Shop 购买渠道　　Date 购买日期

Comment 感 想

Product 品 名

Price 价 格　　Shop 购买渠道　　Date 购买日期

Comment 感 想

Product 品 名

Price 价 格　　Shop 购买渠道　　Date 购买日期

Comment 感 想

Product 品 名

Price 价 格　　Shop 购买渠道　　Date 购买日期

Comment 感 想

Product 品 名

Price 价 格 Shop 购买渠道 Date 购买日期

Comment 感 想

Product 品 名

Price 价 格 Shop 购买渠道 Date 购买日期

Comment 感 想

Product 品 名

Price 价 格 Shop 购买渠道 Date 购买日期

Comment 感 想

Product 品 名

Price 价 格 Shop 购买渠道 Date 购买日期

Comment 感 想

Product 品 名

Price 价 格

Shop 购买渠道

Date 购买日期

Comment 感 想

Product 品 名

Price 价 格

Shop 购买渠道

Date 购买日期

Comment 感 想

Product 品 名

Price 价 格

Shop 购买渠道

Date 购买日期

Comment 感 想

Product 品 名

Price 价 格

Shop 购买渠道

Date 购买日期

Comment 感 想

Product 品 名

Price 价 格 Shop 购买渠道 Date 购买日期

Comment 感 想

Product 品 名

Price 价 格 Shop 购买渠道 Date 购买日期

Comment 感 想

Product 品 名

Price 价 格 Shop 购买渠道 Date 购买日期

Comment 感 想

Product 品 名

Price 价 格 Shop 购买渠道 Date 购买日期

Comment 感 想

50 Basic Skills 个基础技巧

○ 备菜相关 ○

1

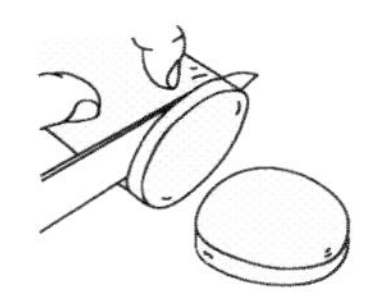

切蔬菜或肉类时，为何要注意纤维走向？

沿着纤维纹路切，或逆着纤维纹路切，能令食材口感截然不同。比如洋葱，顺着纤维纹路切会使其更爽脆，久煮不易煮碎；逆纤维切则能使之更易软烂，辛辣感也会减少一些。又比如萝卜，顺着纤维垂直切竖条，会使萝卜口感更脆，适宜做拌菜沙拉类；逆着纤维横切成段，则能使之更易炖煮入味。

2

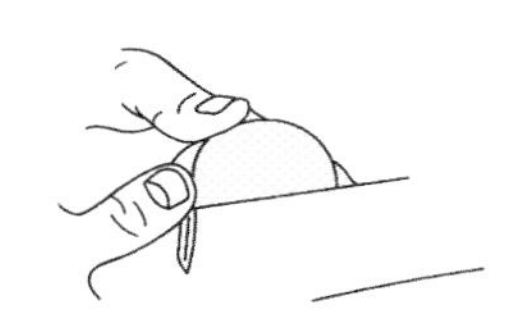

如何防止大块蔬菜煮碎？

久煮蔬菜时，比如萝卜、胡萝卜、南瓜、土豆、芋头等，可以用刀将大块蔬菜的尖利边角略微削圆滑，就能有效防止大块蔬菜煮碎。

3

为什么同一道菜中的同类食材，应尽量切成均等大小？

这样既能保证食材在烹调时尽可能受热均匀，熟度一致，也能提升菜品美感。

4

小葱买回后如何保存？

可以一次性切成小段，放进铺好厨房纸巾的保鲜盒中，冷藏保存能用一周，冷冻可保存一个月。还有洋葱、蒜、生姜等经常需要切丁的调味食材，都可以提前切好后用这种方法保存。注意：厨房纸巾一定要加，可以吸除密封容器内的多余水分，令食材口感更佳且不易变质。

5

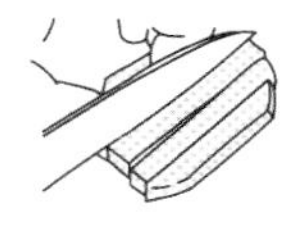

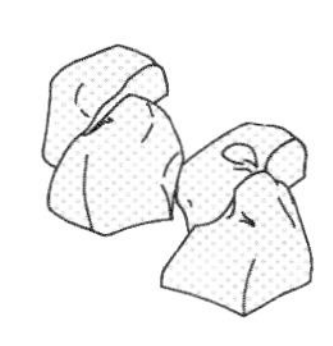

备菜时应牢记什么准则？

需要切的菜，一口气全切完。避免在切菜途中，突然转去处理其他厨房工作。

并且，同一种食材如果将用在多道菜中，即使需要不同形状，也尽量一口气都切好。比如土豆，一道菜需切块，另一道需切丝，就应在切土豆时一口气将块与丝都切完。这样的作业流程看似教条，其实会令备菜效率更高。

6

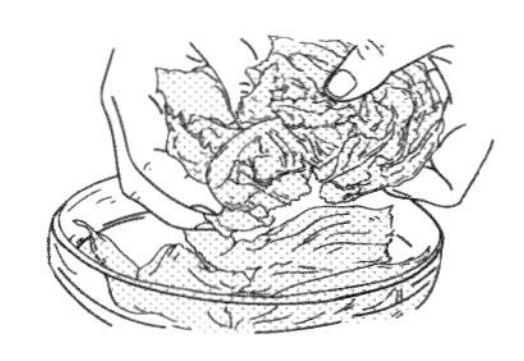

为什么在制作沙拉或拌菜时，叶菜类最好用手撕成片，而非用刀切？

因为这样能令叶菜的截面面积更大，能粘附更多的调味酱汁。

7

处理鱼类时有什么去腥诀窍？

建议先在鱼身表面撒一层薄盐后静置片刻，这样做能使鱼身的多余水分析出，也能有效减少腥味。如果打算将鱼冷冻或冷藏保存，可以在冷冻冷藏之前，先撒盐析出多余水分并吸除，入冰箱之前再撒一层薄盐，这样保存能减缓鱼肉变质，延长鲜度。另外，若想将三文鱼等含盐较高的鱼肉减盐，可将其在淡盐水中浸泡3小时左右，切勿直接浸泡在普通水中，这样会令鱼身的鲜味成分也溶于水里。

8

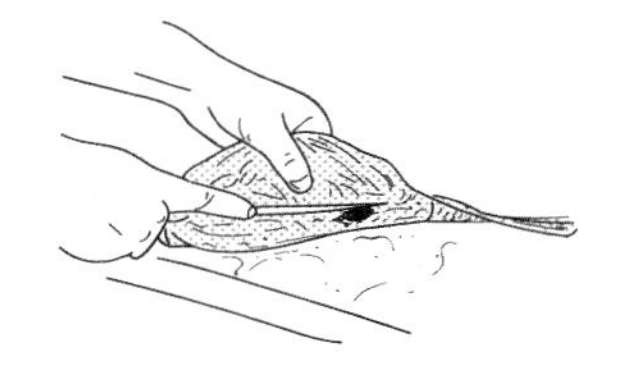

处理鱼时，为什么应避免碰破苦胆？

因为苦胆有毒且会释放鲜明苦味，蒸煮也无法消除。

9

鱼贝类在冷冻与解冻时应注意什么？

冷冻时应撒盐急冻，解冻时要慢慢来，切勿用微波炉等快速解冻。解冻时鱼身析出的水分，应用厨房纸巾等吸除。

10

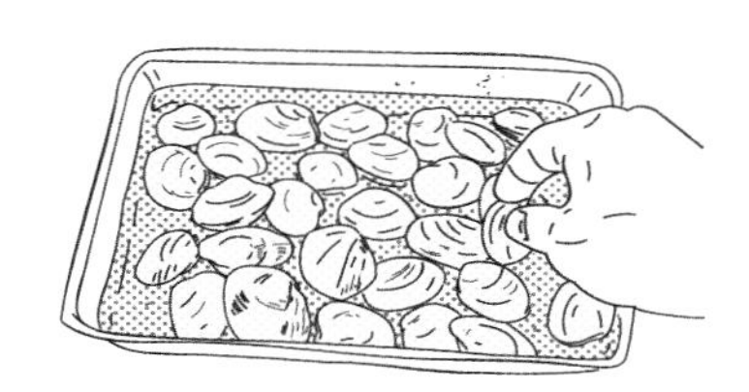

蛤蜊类如何去沙？

将其浸泡在一定浓度的盐水中即可。通常比例是300毫升的水加入9~10克的盐，盐浓度约为3%，和海水盐度接近。普通盐的话，约等于1.5小勺。天然海盐约为2小勺。操作时，最好使用平盘，让蛤蜊均匀铺开，避免重叠。倒入的水量不要完全没过蛤蜊，使其微微露出一些。注意先在水中加盐充分溶解，再放入蛤蜊。如果是超市或市场买回来的蛤蜊，冰箱冷藏浸泡2~3小时，如果是海边拾回的蛤蜊，需冷藏浸泡一晚。

11

为什么在处理虾时，一定要去除虾背上的“黑线”？

这一步虽有些麻烦，但这条黑线是虾肠，藏着很多污垢，有损菜肴鲜美，最好去除。

12

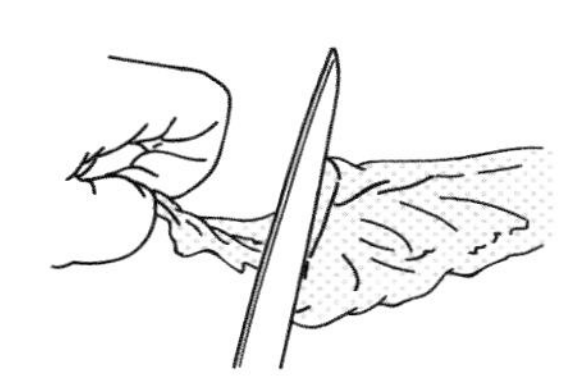

为什么处理鸡胸肉时应去除筋膜？

鸡胸肉鲜嫩、美味，又因脂肪较少而相对健康。烹饪方法也通常非常简单，煎、炒、烤、煮皆可。但很多人在处理鸡胸肉时会忽略一个步骤：去除筋膜。筋膜如不去除，烹饪时会连带肉一同收缩。多做这一步，口感会大不相同。

13

煎烤鸡腿之前，为什么最好先用叉子在鸡腿表皮上戳孔？

这样做不仅能令鸡腿表皮在煎烤过程中不会卷曲变形，也能令鸡皮中的多余油脂流出，避免摄入过多脂肪。

14

黄线是纤维走向，蓝色是下刀走向。

鸡胸肉：

左端是鸡胸肉较厚的部位，建议垂直于纤维方向切，肉会更嫩。右端因为鸡胸肉较薄，顺着纤维切即可。

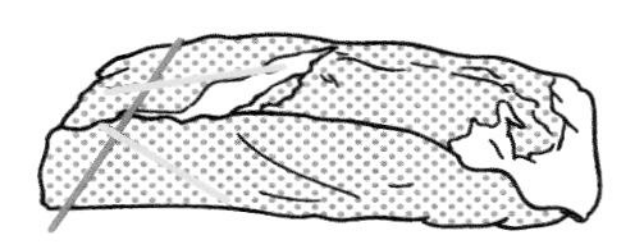

牛肉：下刀方向建议均垂直于纤维走向。

切肉时，都应该顺着纤维纹路切吗？

关于切肉，牛、羊肉通常建议垂直于纤维纹路切，这是因为牛、羊肉纤维组织较多，筋也多，肉质易韧易老，垂直于纤维来切，更易将肉烹调软嫩。猪肉、鸡肉等肉质本身较嫩，顺着纤维走向切也可。

15

烹调较厚的肉类时，为什么要提前腌制？

主要有4种目的：①入味；②去腥；③让肉质更嫩；④上色。根据不同目的，腌制用料也不一样。如果是为了入味，用盐及其他风味鲜明的调味料、水果等食材腌制即可，不妨自由发挥；如果是为了上色，可以用糖和酱油；如果要去腥，中餐可用葱姜蒜搭配料酒，日餐适合用清酒，西餐用白葡萄酒，再加些洋葱或柠檬也可以；如果是为了让肉更嫩，可以用酸奶、葡萄酒、醋类、柠檬汁、碳酸饮料、菠萝、水淀粉、蜂蜜等来腌制，也可以用盐+白砂糖+水的溶液浸渍，比例为肉100克：水10毫升：盐1克：砂糖1克。

16

大块的牛、羊肉等，烹调前为何建议先冷水下锅焯一遍并撇去血沫？

因为这样能更好地去除膻味和血腥，也能令肉质更嫩。

17

切洋葱时怎样避免流泪？

可以先将洋葱对半切开，放入冰箱冷藏半小时，取出后趁低温状态快速切好，能有效防止流泪。或者在切洋葱时，旁边备一碗冰水，将菜刀时不时浸一下冰水再切，也能防止流泪。

18

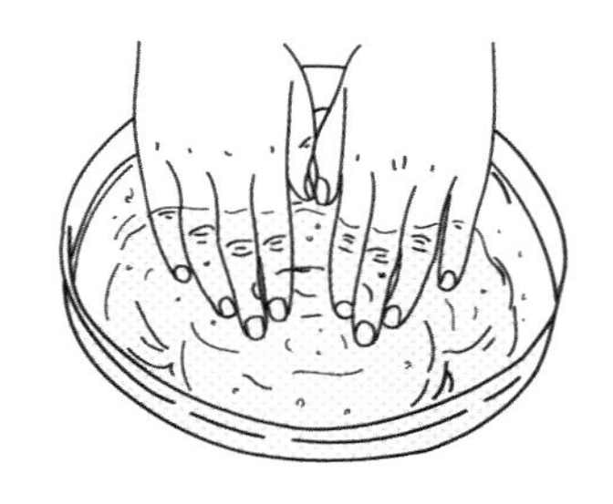

处理山药或芋头时，如何为手部止痒？

提前准备一碗加醋的温水，处理完山药后，将手放入其中清洗干净，再用纸巾擦干即可。或在手部接触过山药的地方撒上食用盐，反复揉搓，再用清水洗净，也可以止痒。

19

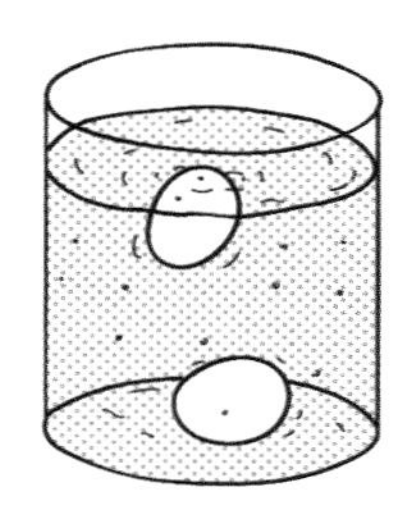

如何判断鸡蛋是否新鲜？

你只需要准备一杯冷水，将鸡蛋轻轻放入其中。

①鸡蛋横向平稳地沉在水底——这是一颗非常新鲜的鸡蛋。

②鸡蛋在水中上下浮动——这颗蛋生出一周了。

③鸡蛋尖头立在水底——鸡蛋已经大约两到三周了，即将变质。

④鸡蛋漂在水面——请将这颗鸡蛋扔进垃圾桶。

○ 烘焙相关 ○

20

烘焙点心之前，为什么要将食材恢复室温？

烘焙点心之前，记得将所有冷藏或冷冻材料提前取出，恢复室温。

黄油应到手指按压微软的程度，鸡蛋应到手摸蛋壳不觉得冰凉的程度。很多烘焙新手容易忽略这一步，但它至关重要。因为，当温度不同的材料进行混合时，更容易结块和分层，难以达到均匀顺滑的状态，会直接影响成品品质。

21

为什么建议隔冰块或冰水打发蛋白？

在打发蛋白或鲜奶油时，隔冰块或冰水进行搅打，会令打发速度更快。将打发好的蛋白或奶油与面粉混合时，应用翻拌手势而非搅拌，动作要轻柔且利落，避免翻拌过度而使其消泡，注意保证整体的蓬松感。

22

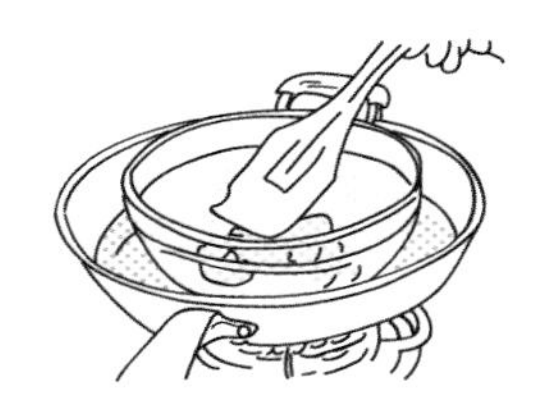

为什么要隔水加热融化黄油？

需要加热混合食材，或者融化黄油或巧克力时，注意隔水进行，避免直火加热，不仅容易焦，风味也会发生变化。

23

“一次发酵”和“二次发酵”是什么意思？

用来制作面包的面团进行发酵时，通常分为一次发酵和二次发酵。温度对发酵成败至关重要，一次发酵时的适宜温度应为27~30°C左右，二次发酵时的适宜温度是36~38°C。冬季应用35°C左右的温水和面，夏季可用常温水和面。发酵时长，则根据面团大小而异，通常一次发酵时间为40~60分钟，二次发酵是30~40分钟。

24

为什么酵母应避免与盐、糖直接接触？

因为盐和糖溶液的渗透压较高，会令酵母脱水而失去活性。此外，也应注意酵母的处理温度，高温也会令其失去活性，通常水温不能超过37°C。

25

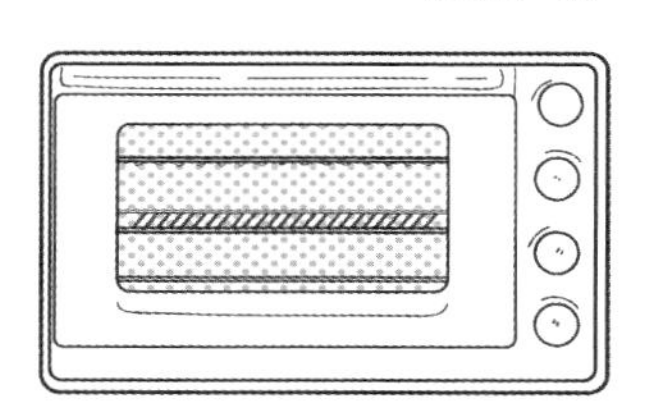

为什么烘焙时烤箱的预热温度，应比实际烘烤温度略高一点？

因为在打开烤箱门放入烘烤物时，箱内温度会骤减。

26

如何让派、面包、蛋糕等表面有金黄色泽？

烘烤前可以在表面刷一层蛋黄液。

27

如何用更少量的酵母进行发酵？

可以采用低温长时间发酵法（又称“冷藏发酵法”）。材料中酵母用量只需通常的一半，将所有材料混合成面团后，先在27~30°C左右下一次发酵30分钟~2小时（根据面包类型与面团分量而异），再放入冰箱冷藏过夜（约6~18小时），取出后先使面团回复室温，再进行较短的二次发酵，即可烘烤。

低温长时间发酵有许多优点：

①对揉面的要求不高，不用揉出膜也可以，因为在长时间发酵过程中，面筋也会充分形成并强化；

②面团得以充分发酵，烤出来的成品面包甜味更鲜明，色泽更漂亮，小麦香更浓郁；

③长时间冷藏发酵时，可以睡觉或做其他事情，能更有效利用时间，且经过这种方式发酵的面团，二次发酵的时间也会大大缩短。

○ 烹饪方式相关 ○

28

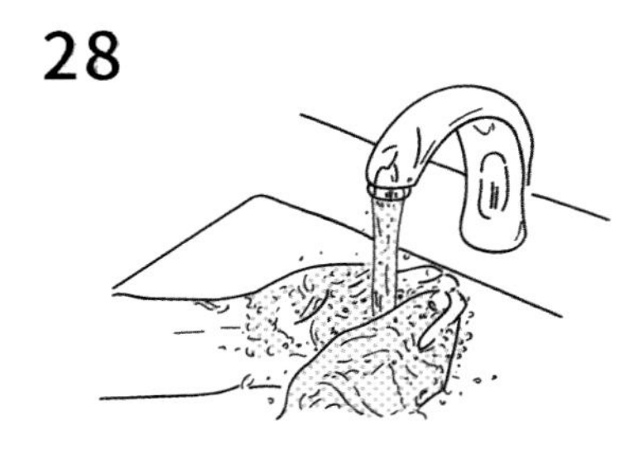

在厨房里如何注意卫生？

在厨房里有一件事至关重要：卫生且正确地处理原料。

一不小心，真的有可能食物中毒。首先，在做饭或吃东西之前，尤其在接触生肉之前，一定要洗手。生肉与蔬菜的砧板一定要分开。所有烹饪器具（包括砧板、刀等）使用后务必彻底清洗，并通风晾干。在冰箱里储存肉时，一定要用干净、密封的容器放在低温区保存。

29

为什么一些蔬菜在烹调前需要先焯水？

这一步的主要目的有两点：

①使蔬菜颜色更鲜艳，质地更脆嫩，如西蓝花、芹菜等；

②减轻某些蔬菜的涩、苦、辣味，同时去除一些有害成分，如菠菜、笋、苦瓜等。焯蔬菜时通常用沸水，如果加少许盐，会令蔬菜色泽更鲜艳。

30

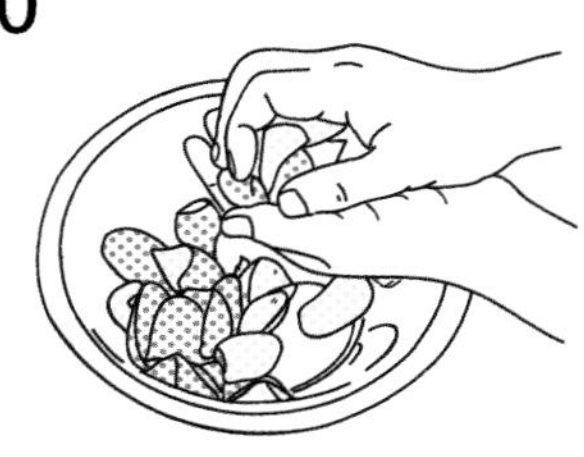

怎样让茄子不易吸油？

茄子的质地极易吸油，为避免烹调茄子时吸入过多油分，可将切好的茄子，先撒盐静置15分钟左右，再用清水洗净盐分，然后用手将茄子里的多余水分挤出，这样处理后的茄子比较不易吸油。

31

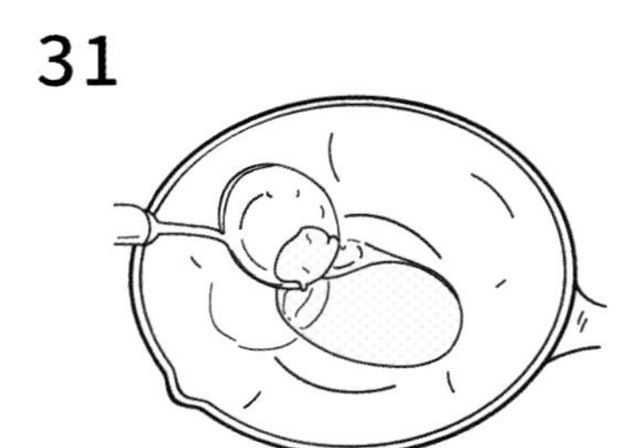

“热锅冷油”和“冷锅冷油”是什么意思？

炒菜时通常有“热锅冷油”和“冷锅冷油”两种方式。

“热锅冷油”，并非将锅干烧加热再放冷油的意思，而是需要先舀适量油润锅，同时加热，之后将热油倒出，再舀入冷油炒菜。如果干烧热锅，会损伤锅体。

热锅冷油有两点好处：

①能提升锅的不粘效果；②能避免食材入锅瞬间油温过高，直接破坏食材营养结构以及风味口感。不过如果嫌麻烦，也可以冷锅冷油，即在冷锅中加入冷油一起烧热后，再加入食材烹调。

32

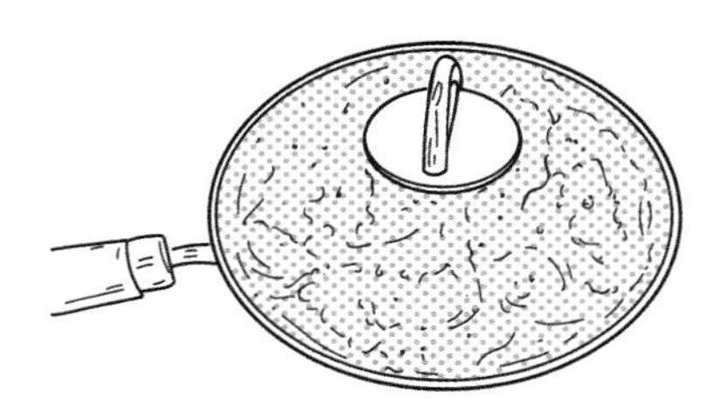

炒蔬菜还有什么小诀窍?

炒蔬菜时,如果想保证成品色泽鲜艳,口感脆嫩,同时尽量保存蔬菜营养,可以先热锅冷油大火翻炒几下,再加少许水,盖上锅盖焖几分钟。调味料可在出锅前加入,拌匀即可。

33

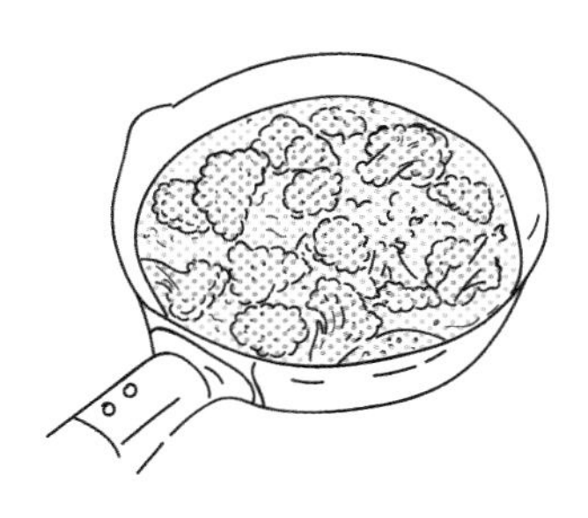

为什么绿色蔬菜进行水煮时不要盖锅盖?

绿色蔬菜中通常含有草酸等有机酸,煮制过程中,这些有机酸伴随加热会溶于水中,令水呈酸性,将损伤蔬菜的颜色与风味。不过,这类蔬菜中的有机酸多为挥发性成分,只要不加锅盖,就能助其挥发,减少水中的酸性成分。

34

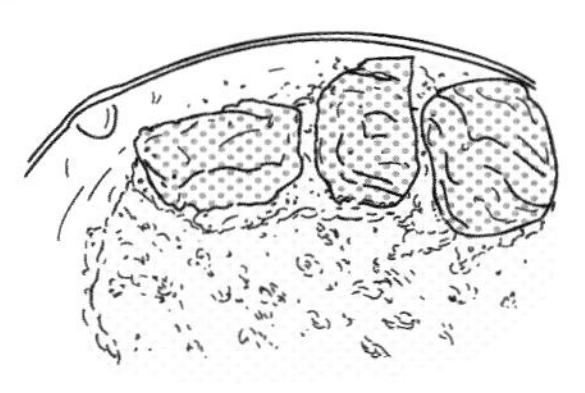

如果做长时间的炖肉类,为何建议提前将肉块煎至表面褐变?

这样不仅能提升肉香味,也能起到一定保护作用,让肉块内部在长时间的炖煮中保持多汁。

35

煎鱼时有什么诀窍?

煎鱼时,应尽量采用热锅冷油法,且油要少。鱼表面水分要吸干,小火慢煎,一面煎透再翻面继续煎,不要频繁翻动或拨弄。这样才能保证鱼皮完整,不易粘锅,鱼身也能煎制均匀。

36

白肉鱼与红肉鱼各适合怎样的烹调方式?

白肉鱼类风味清鲜、肉质易散,更适宜短时间烹调,比如油煎、微烤或清蒸。红肉鱼类风味浓郁,肉质较韧,更适宜长时间烹调,比如炖煮。

37

为什么在大多数情况下，做菜建议后放盐？

后放盐的好处有很多：

①先放盐再烹调，咸度会在烹调过程中减损，也就是同样的盐量，先放盐吃起来会更淡；

②先放盐容易加速蔬菜变色，令菜肴成品不够美观；

③先放盐会促进蔬菜中的营养成分析出，从营养角度来说，后放盐更健康。

38

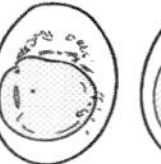

如何煮出不同熟度的鸡蛋？

①将鸡蛋置于冷水中，水应没过鸡蛋2～3厘米；

②将水加热，烧至沸腾，立刻关火，盖上锅盖；

③将鸡蛋取出，放入冰水中冰1分钟，更容易剥壳。

第②步中的焖制时间与鸡蛋熟度的关系是：焖2分钟，蛋清略微浑浊，稍有凝固，质软；蛋黄完全呈液体状态。焖3～4分钟，蛋清呈现白色凝固状，质软；蛋黄多半为液态，部分凝固。焖5～6分钟，蛋清凝固，结实，略软；蛋黄呈液、固中间态，类似布丁。焖8分钟以上：蛋清、蛋黄完全凝固。

39

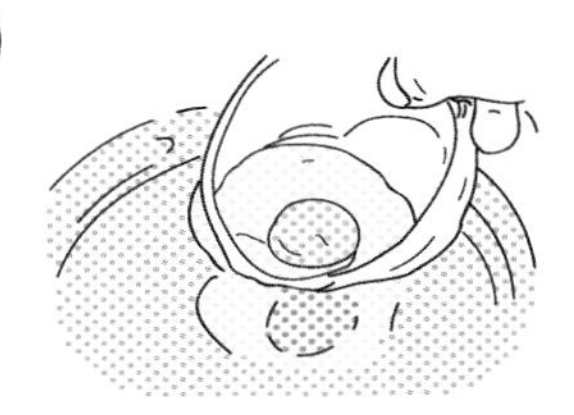

如何煮出一只理想的水波蛋？

先将鸡蛋打入小碗。将一锅水烧至出现密集小气泡但未沸腾的程度，用汤勺在水中快速搅拌出漩涡，在漩涡中心处轻轻下入鸡蛋，停止搅动，煮三分钟即可。需注意的是：要做水波蛋，需选用十分新鲜的鸡蛋。新鲜鸡蛋蛋清不会太散，更易定型。此外，将水烧至有小气泡即可，不要沸腾。另外，在水中加少许白醋，也可以加快蛋白凝固，但煮出的鸡蛋会带有轻微醋味。对醋味敏感的人，可以不加。

40

如何炒出完美的蛋花？

炒鸡蛋说起来十分简单，但要炒得嫩滑不散，也需要一些小技巧，美式炒蛋和中式炒蛋都适用。

①美式炒蛋会在打好的蛋液中加入牛奶和盐，并继续搅拌均匀，让空气充分融入；

②炒鸡蛋一定要用小火；

③倒入蛋液后不可搅拌，等鸡蛋底部略凝固后，不断用铲子把鸡蛋由边缘向中心推；

④当蛋液几乎凝固，但未完全凝固时关火，继续铲三两下即可使蛋液全部凝固，出锅装盘。

41

如何煮出口感适中的意大利面？

首先，将一锅加盐的清水大火煮沸，盐与水的比例应与海水接近，即3%~3.5%左右，300毫升的水加入9~10克盐即可；其次，下入意大利面后应保持中高火煮制，水保持高温，才能煮出劲道顺滑的意大利面。煮制时间通常可按意大利面包装上标注的时间来，约为8~14分钟，请根据实际煮的意面分量酌情增减时长，最终煮好的意大利面，应以横截面大部分熟透，只有中心能看到针细的白芯为准。

42

如何和馅？

有两点十分关键：

①和馅时需要加适量水，但要控制加水量，少量多次，保持肉馅湿润黏稠但无明显水感；

②和馅过程中，一定始终顺着一个方向搅拌，切勿胡乱搅拌，容易出水。

43

煮饺子时有什么诀窍？

煮饺子时，先不加锅盖煮，待饺子皮煮熟后，盖上锅盖继续煮，能令饺子馅充分熟透。

44

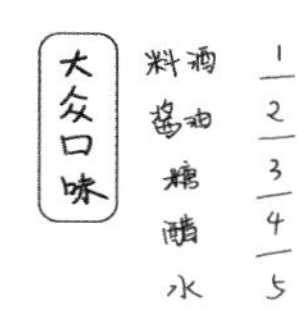

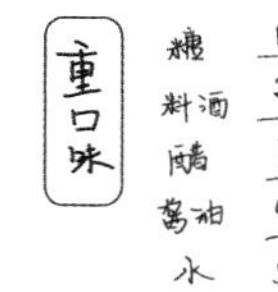

糖醋类菜肴的糖醋汁如何调配？

比较适合大众口味的万能比例是：

料酒：酱油：糖：醋：水=1/2/3/4/5。

如果偏好重口味，也可以将调料顺序改为：

糖：料酒：醋：酱油：水=1/2/3/4/5。

45

如何做最基础的沙拉油醋汁？

3份油1份醋，是最基础的油醋汁配比。油通常建议用橄榄油。醋的选择比较多，白葡萄酒醋、意大利黑醋、苹果醋，或者用新鲜柠檬汁、青柠汁、橙汁也可以。在此基础上，还可以再加第三种和第四种配料，比如一些香草、香料、第戎芥末酱、蒜泥、鱼露等，制成更具特色的风味酱汁。

46

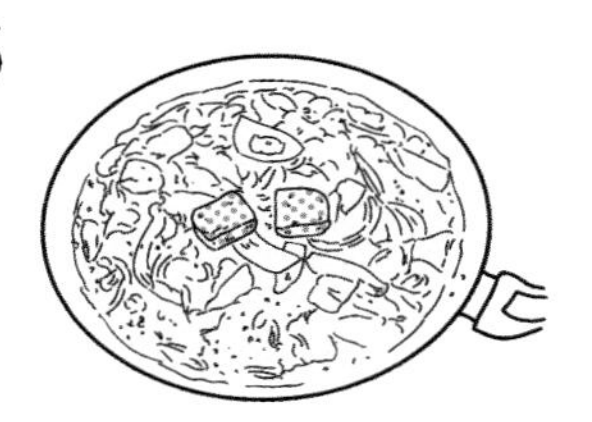

咖喱块的正确使用方法是什么？

煮咖喱菜时，如果使用的是咖喱块，正确的用法应该是在锅中食材全部煮好，关火并稍事降温后，再放入咖喱块溶解，而非在炖煮时与食材同煮。这样溶解并拌匀后，可以放置一段时间，使菜肴进一步入味，冷藏过夜后风味更佳。

47

调味料应买品质好的，还是一般的？

烹调时最常用的基础调味料方面不要省钱，应在能力范围内选择尽可能好的品质。尤其是盐、酱油、醋、橄榄油等，品质之差会对菜肴风味有很大影响。

48

烹调时觉得菜肴过于腥、苦、酸、咸、辣怎么办？

可以加一点点糖来化解。糖能有效抑制和中和其他味道，令菜肴整体风味更加柔和。

49

新鲜香草香料和干燥香草香料，用法有何不同？

新鲜完整的香草香料，与干燥粉末状的香草香料，在烹调时的加入时间并不一样。新鲜完整的香草香料应在烹调开始时放入，令精油成分充分挥发出来。干燥粉末状的则应在菜肴做好后加入，风味会更突出。

50

油炸肉类或蔬菜时有什么诀窍？

油炸肉类或蔬菜时的面糊，建议调配好后提前冷藏至少一小时，油炸时会更蓬松酥脆。炸肉类，建议都炸两次，第一次炸到面衣基本定型，略微变色，立刻捞出稍事冷却，然后再次放入锅中，炸至表面金黄时立刻捞出。这样复炸后的肉类才会外脆里嫩。

20 Personal Skills 个私家技巧

1

2

3

4

5

6

7

8

9

10

11

12

13

14

15

16

17

18

19

20

蔬菜基本切法

Basic Knife Skills for Vegetables

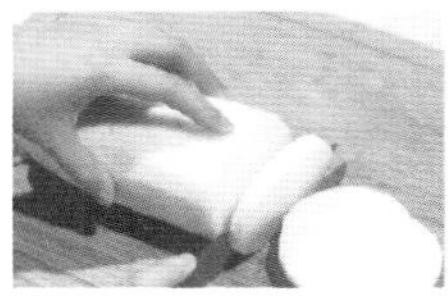

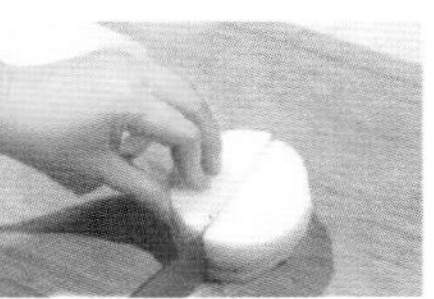

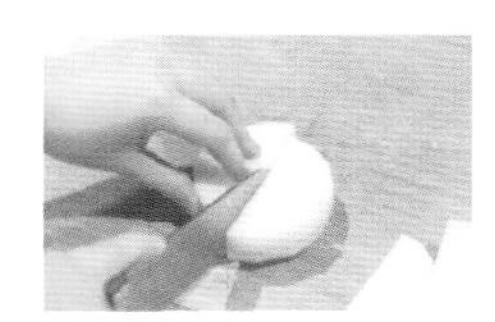

1 切圆片

比如黄瓜、茄子、丝瓜、胡萝卜等圆柱状蔬菜，都很容易切成圆片，厚度也可根据烹饪需要酌情调整。

只要确定了厚度，就应注意每一片尽量薄厚一致。如果要切正圆形的片状，应垂直于食材走向和砧板下刀。

2 切半圆片

将圆片几片叠在一起，从中间垂直入刀，切成两半即可。

3 切扇形

将半圆叠在一起，从中间垂直入刀，切成两半即可。

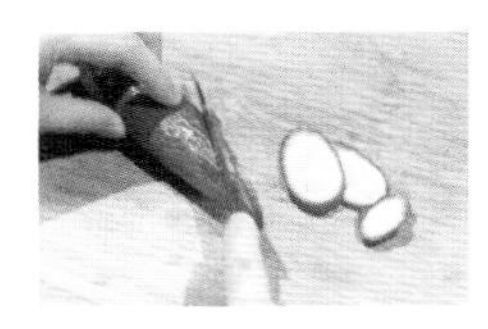

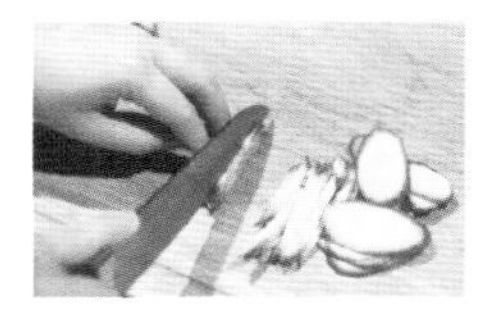

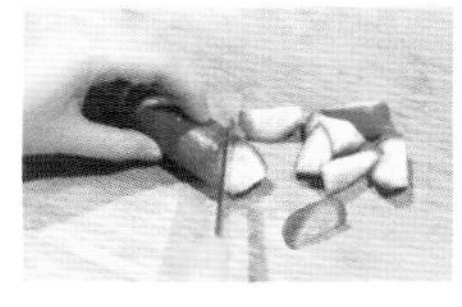

4 切椭圆形

和切圆片方法相似，只是需要斜切入刀。

5 切丝

将切好的椭圆片几片叠在一起，沿较长一边垂直下刀，即可切丝。

6 滚刀法

滚刀法是中式烹饪中十分常见的切法。它的基本切法是，用一只手轻握住食材，一边旋转滚动食材，一边用另一只手将其斜切成不规则的块状。

虽是不规则形状，但每一块的基本大小还是应保持一致，因此下刀的位置需要稍加注意。

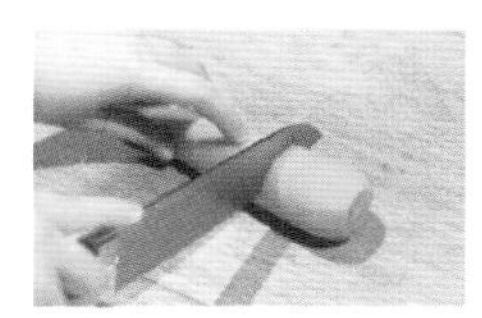

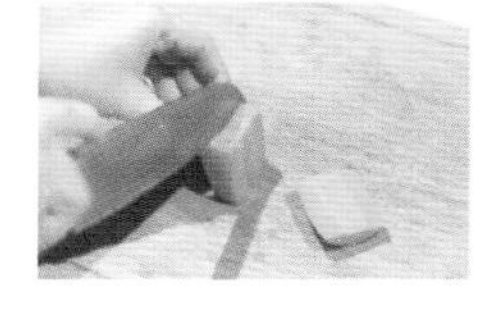

7 切大块

如土豆、芋头等食材，炖煮时通常可以切大块。较大的土豆可以先纵切成两半，再二等分，总共切成四块。较小的土豆可以直接切两半。

8 切长条片

先将长条状食材（如胡萝卜），切成适当长度的段。

然后将其竖起来，直立于砧板上，垂直下刀，切成适当厚度的片状。

将两片叠在一起，从侧面垂直下刀，切成适当厚度的薄片即可。

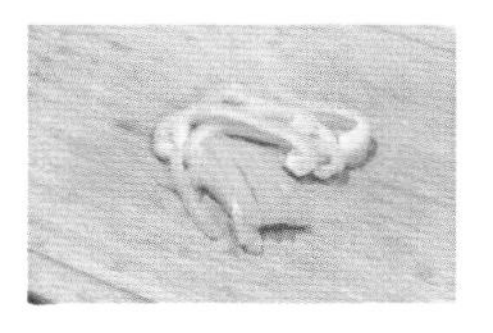

9 切长条

先将长条状食材（如胡萝卜）切段，然后将一段竖起，直立于砧板上，两侧各切掉薄薄一片。

中间宽度较均匀的部分切成两片，将其平铺叠起，沿较长一边垂直入刀，切成适度宽度的长条即可。

10 切方块

将长条横过来，从侧面垂直入刀，切成适当宽度的方块即可。

11 顺·逆纤维切条

甜椒或青椒等灯笼椒在切条时，有两种方式：顺着纤维切，或者逆着纤维切。

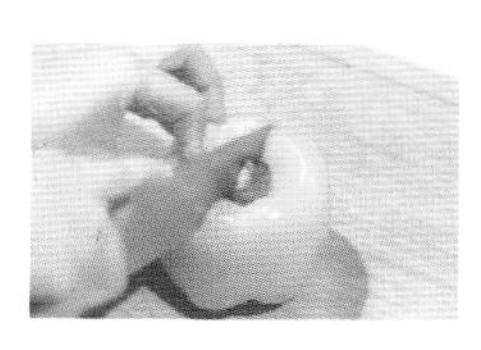

顺着纤维切，可以先将灯笼椒对半切开，并去籽。

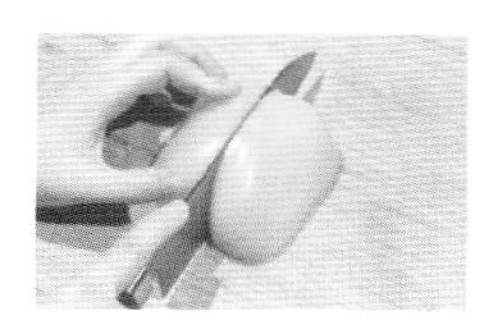

再将其中一半纵切成两半。

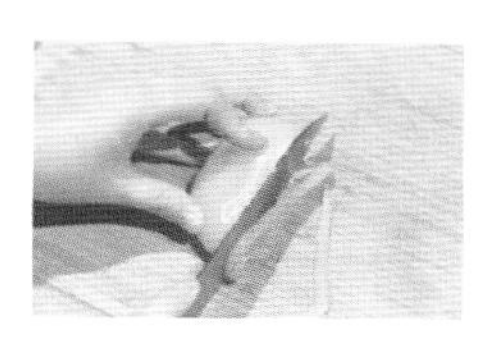

之后取其中一份，沿着较长边垂直入刀，切条即可。

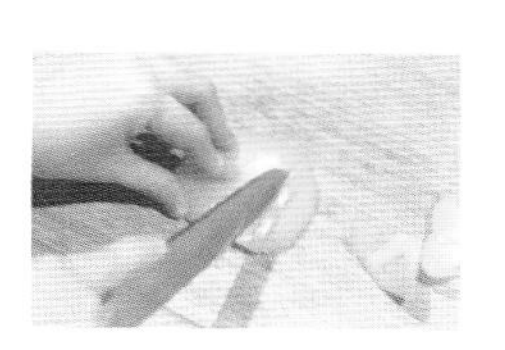

逆着纤维切，也是先将其对半切开，去籽，再将其中一半纵切成两半，取其中一份横过来平放，长边对着自己，切去左右两侧弯曲部分。

再将中间平整部分，沿着较短边垂直切条即可。

12 切扇形瓣

通常是球形食材才会用到这种切法，比如洋葱。先将洋葱对半切开，再将其中一半垂直立于砧板，用刀找到切面上缘的中间点，从这一点开始向下切开洋葱。

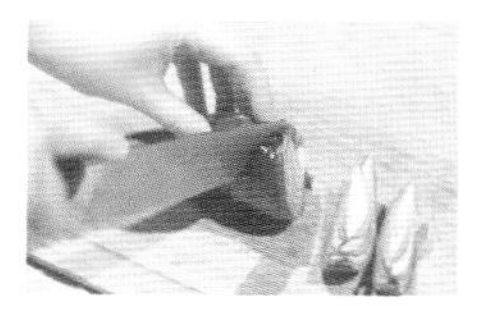

然后再从这一点开始切第二块，依次将半个洋葱切成均匀的扇瓣。

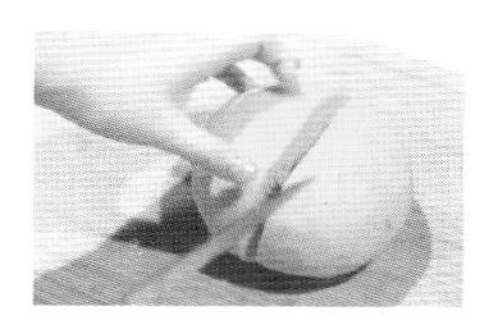

13 切月牙片

南瓜经常会用到这种切法，以南瓜为例。先将南瓜去皮，对半切开，去瓤和籽。

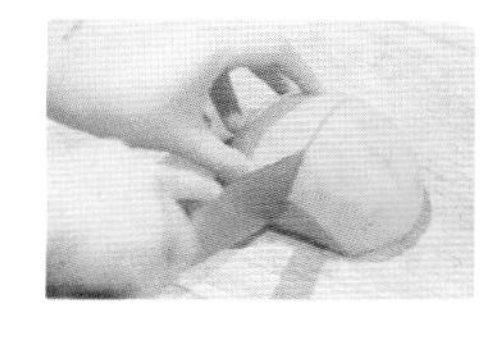

再将其中一半扣在砧板上，从背面的中线垂直入刀，进一步切成两半。

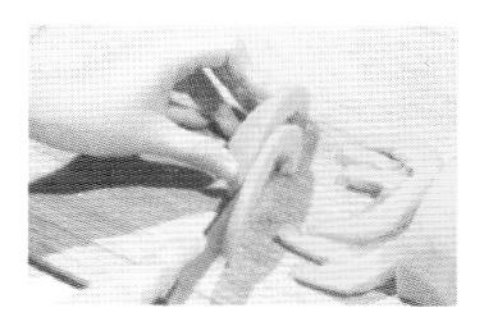

取其中一份，从侧面的切面开始垂直切片即可。

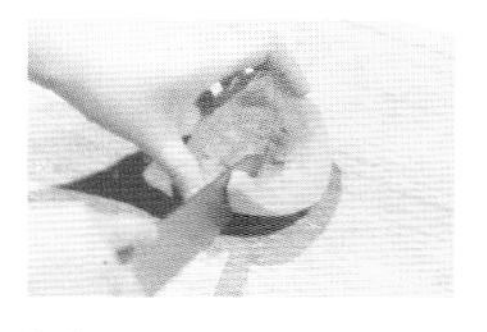

14 切南瓜块

将南瓜去皮，对半切开，去瓤和籽。再将其中一半扣在砧板上，从背面的中线垂直入刀，进一步切成两半。

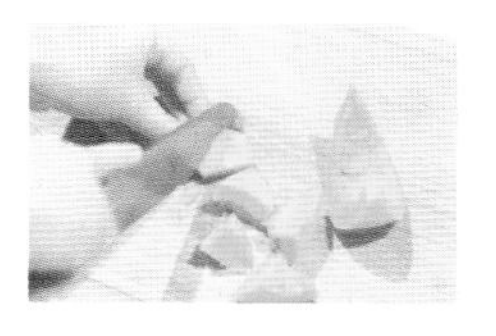

取其中一份，再从中线纵切成两半，再分别切块即可。

15 切葱段

如果是切小葱段，为了提高效率，可以将小葱洗净后用皮筋轻轻绑在一起。

确定好葱头位置一致后，再从侧面上面垂直入刀，均匀切段。

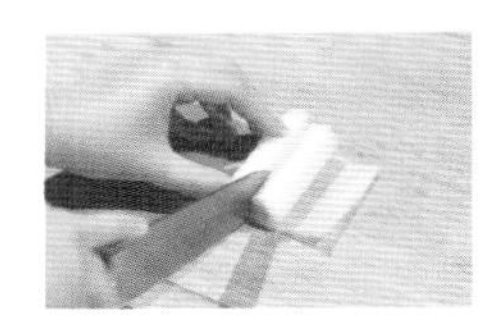

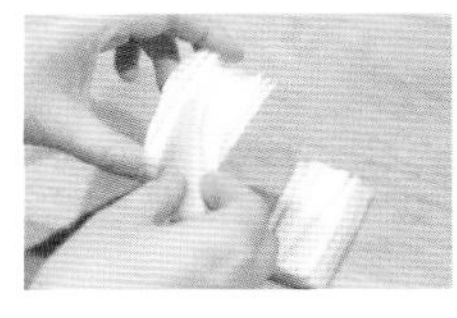

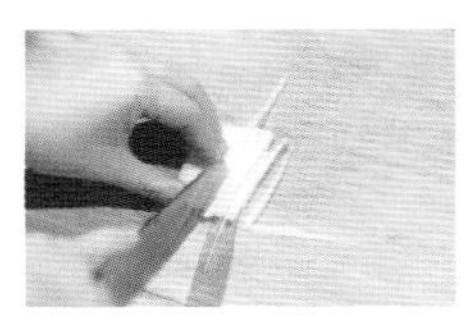

16 切葱丝

切丝都需先切片，葱也一样。先切一截葱白，从中间纵向切分成两半。

取出葱芯部分。

将葱白部分在砧板上压平，两片葱白叠在一起。

沿着较长侧边垂直入刀，切丝即可。

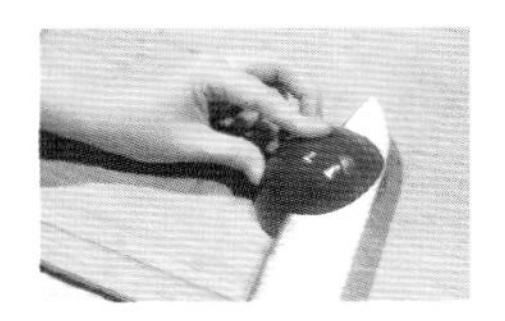

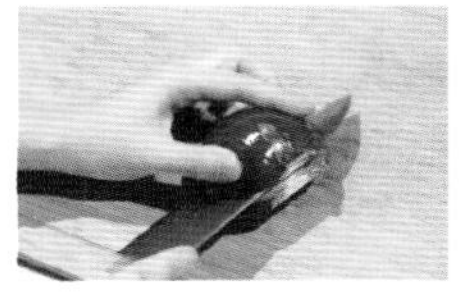

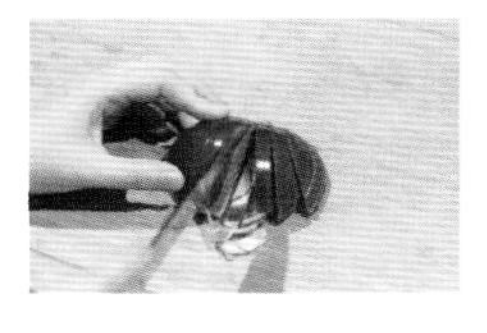

17 切洋葱末

先将洋葱沿着头部到根部的中线纵向切成两半。取其中一半平放于砧板，切面朝下。一只手握住洋葱，根部朝内，头部朝外。另一只手持刀从侧面在洋葱的1/3位置平行入刀，切至接近根部后拉出。

再从2/3处位置平行入刀，切至接近根部后拉出，注意一定不要把根切断。

然后用刀垂直于刚才的入刀方向，将洋葱切成细条，注意根部也不要彻底切开。

接下来，用刀再垂直于刚才的入刀方向，垂直向下，将洋葱条切成细丁，切到接近根部时可以将其断开，单独切碎即可。

18 去边角

萝卜或南瓜等食材，切成大块进行较长时间的炖煮时，边角容易煮烂而破碎，为避免这种情况，可以将边角削圆，就能更加耐煮。

以萝卜为例，通常炖煮萝卜时可以将萝卜切成厚段，之后一只手持萝卜，另一只手持一把锋利小刀，沿顺时针或逆时针方向，一边旋转一边将边角慢慢削去即可。

鸡腿拆解+去骨法

Basic Knife Skills for Chicken Thighs

以最常被拆骨的鸡大腿为例，用鸡大腿做菜，可以先沿着关节分开腿排和棒腿。腿排去骨，可以煎、烤、炒菜。棒腿可以用来炸、卤、烤、炖等，一鸡多吃。

做 法

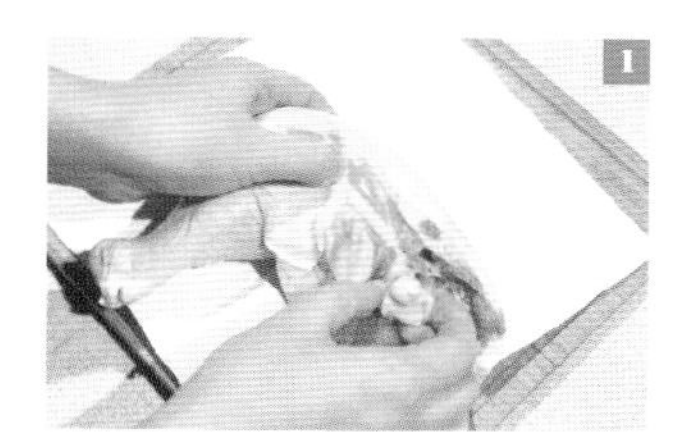

找到鸡腿关节

把一只手的拇指放在腿排顶部的关节上，另一只手来回移动大腿，找到连接两个部分的关节处。这就是你要下刀的地方。

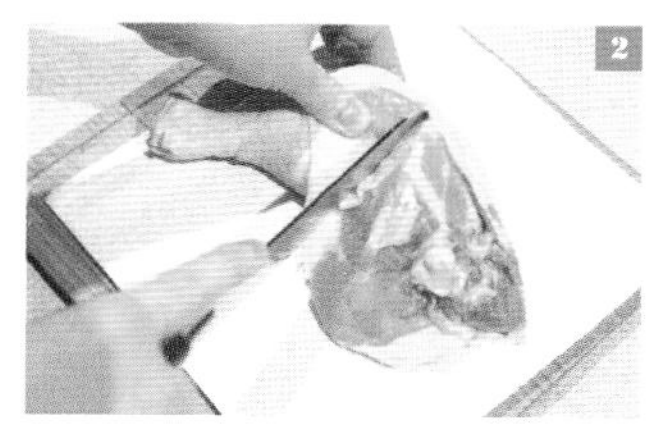

分离鸡腿

拿一把刀，切入刚刚找到的关节部位，如果找对了部位，刀片应该能很平滑地滑过关节。如果发现有阻力，就左右移动刀片，直到找到正确的部位。

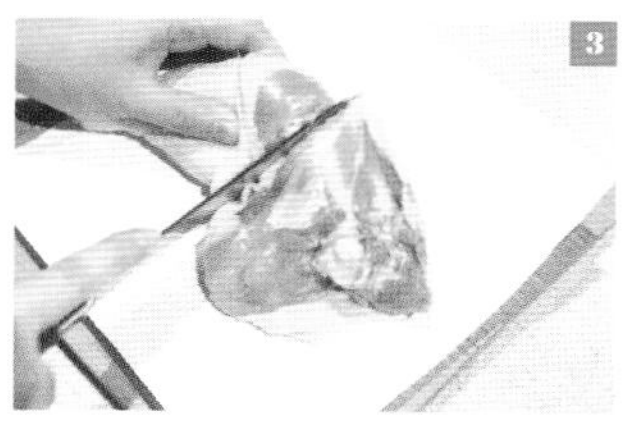

分开腿排和棒腿

第二步找对关节后，一刀切下去，将腿排和棒腿分开。

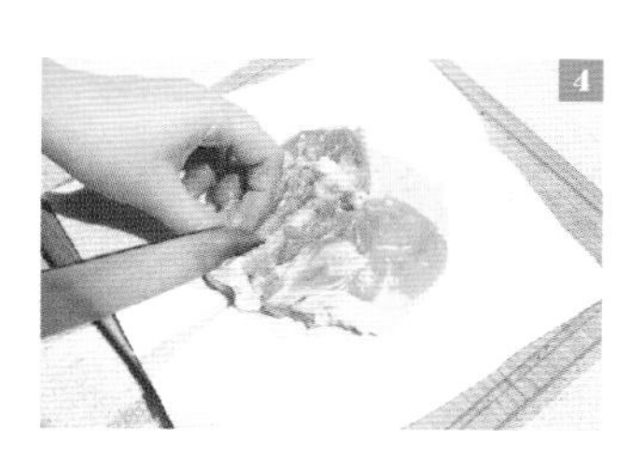

切下第一刀

在腿排里找到骨头所在的部位，用刀的尖端，沿着肉的骨头边缘划一刀。

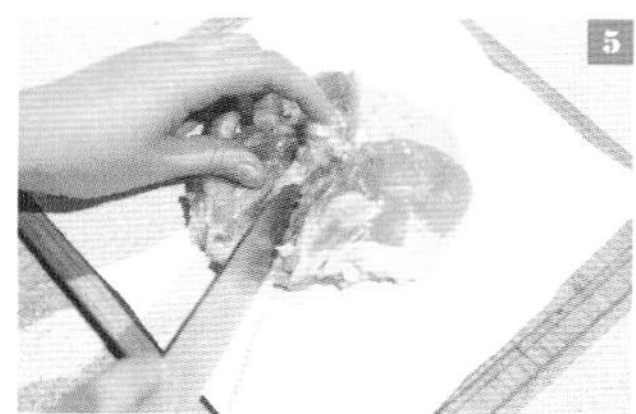

分离骨头

沿着第四步划下的线，用刀尖沿着骨头两边来回切割，将骨头分离出来。 一只手握着骨头一端，另一只手拿刀，切割鸡腿另一端，反复切割拉拽几次，直到完全把鸡腿骨拆下，得到一块完整的去骨鸡腿排。

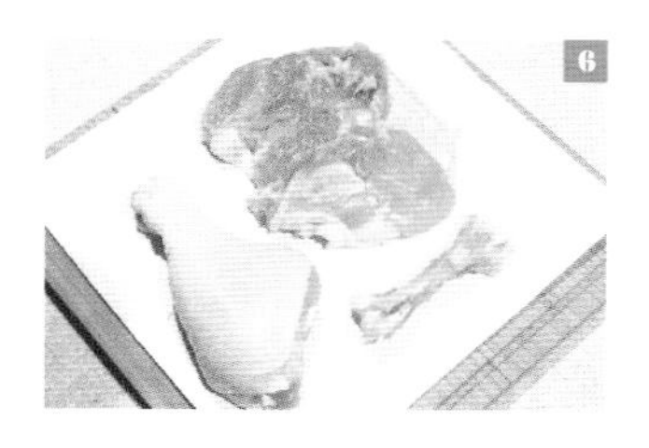

成 品

以上步骤可以将一只鸡大腿拆解为一只棒腿、一块鸡排和一根腿骨。

干物自制法

Homemade Dry Foods

自制香菇干

材料

新鲜香菇 ………… 4朵

竹编簸箕 ………… 1个

厨房纸巾 ………… 适量

Tips

- 最佳晾晒时段是10:00~15:00；白天晾晒时，注意偶尔翻面，使两面均匀晒干。
- 傍晚记得将蔬菜收回室内，避免昼夜温差影响干物品质。
- 充分晒干的蔬菜，装入密封容器中，冷藏可保存5天，冷冻可保存1个月。

做法

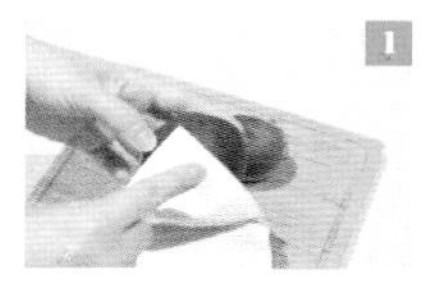

1 用厨房纸巾将新鲜香菇表面的污垢擦掉。

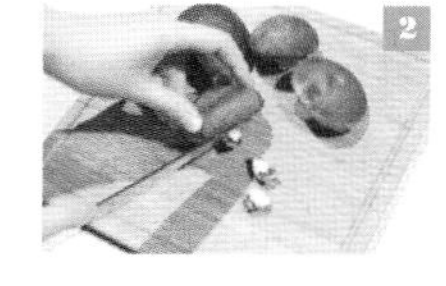

2 切掉香菇根部。

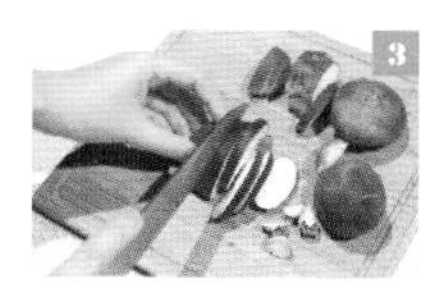

3 其中2个整朵晾晒，另外2个切片，并用厨房纸巾吸去表面水分。

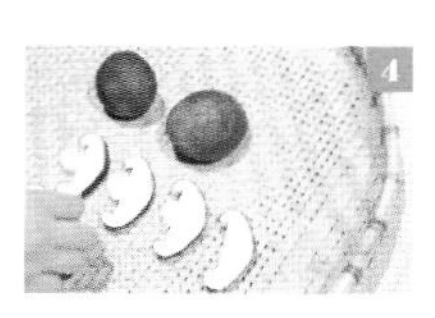

4 将所有香菇放在竹编簸箕上，整朵的伞部朝下，其他平铺即可。

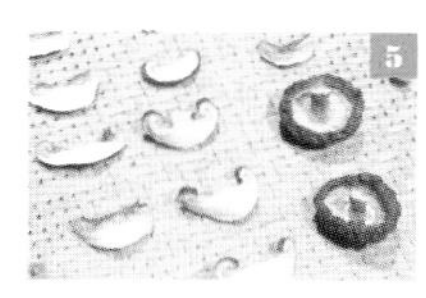

5 白天放在光照充足且通风处晾晒，整朵预计需晾晒4~7天，切片预计需2~4天。

自制胡萝卜干

材料

胡萝卜 ………… 1根

竹编簸箕 ………… 1个

厨房纸巾 ………… 适量

做法

1 将胡萝卜清洗干净后，用厨房纸巾将每一片的表面水分吸干。

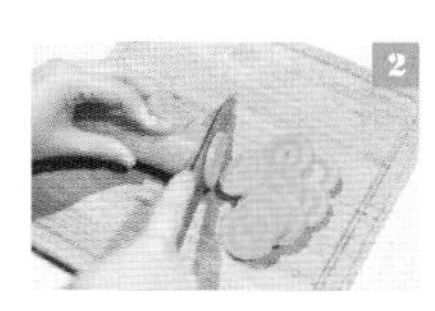

2 去皮，切片或切成其他喜欢的形状。

3 用厨房纸巾将切片后的胡萝卜表面水分吸干。

4 将胡萝卜片均匀平铺在簸箕上，放在光照充足的通风处，晾晒2~4天即可。

家庭必备的万能高汤

Homemade Basic Stocks

鸡高汤　5h

材　料

材料	用量
鸡骨架	1只
西芹	2根
洋葱	1个
胡萝卜	1根
月桂叶	3片
蒜	2瓣
水	1～2升

做　法

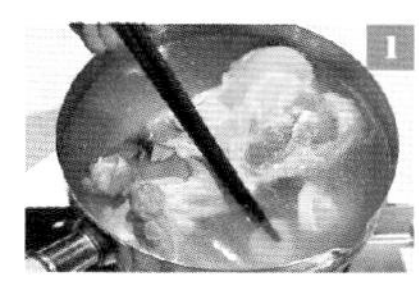

将鸡骨架用热水焯一下，去掉血水与腥味。

蔬菜都切成大块备用。

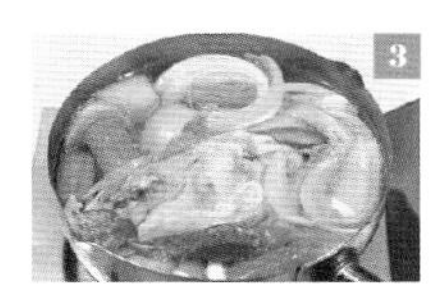

准备一只深锅，倒入水，放入蔬菜、鸡骨架、月桂叶和其他调料，小火炖煮4小时左右。

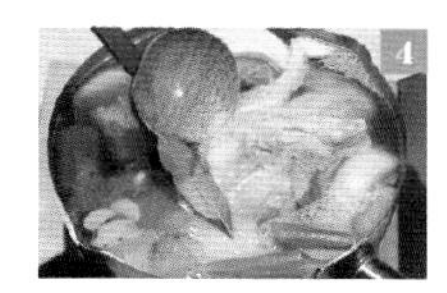

中途注意撇去浮沫。

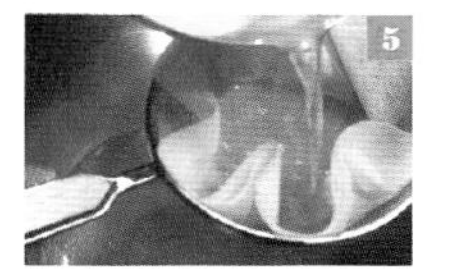

煮好之后，用滤网将汤汁过滤出来。

晾凉后装入密封罐或密封盒中保存。

Tips　○ 做完鸡高汤剩余鸡骨架可以将肉拆下来，拌沙拉食用；蔬菜可以加些调味直接吃，或者另外用作煮咖喱或蔬菜汤。

日式高汤　40min

材　料

材料	用量
昆布（干海带）	10克
木鱼花	20克
水	1升

做　法

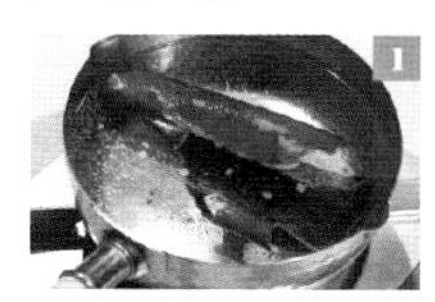

将昆布放入水中，浸泡30分钟后，开中火。

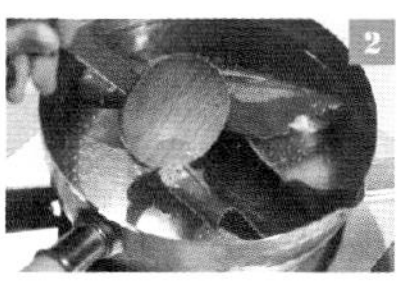

将沸未沸时将昆布捞出，沸腾后关火。

放入木鱼花。

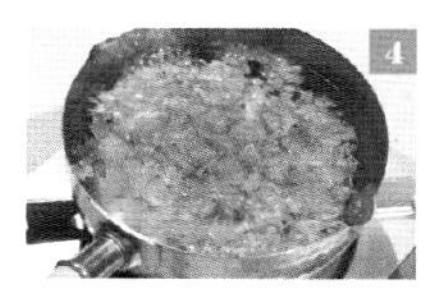

浸泡2分钟左右。

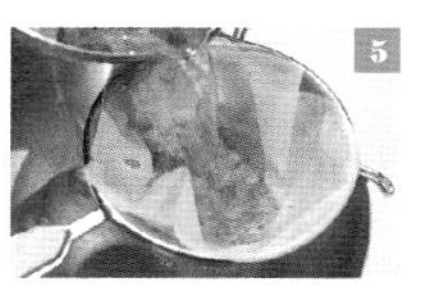

将厨房纸巾铺在滤网上，之后用其滤出汤汁。

晾凉后密封保存即可。

Tips

- 如果做好的高汤短期内不用，可以先倒入冰块盒中，冻成小冰块。再将高汤冰块按单次的用量分装保存，每次要用高汤时，取出一包放进锅里煮化即可，十分方便。
- 做好的高汤，密封冷藏可保存3天；冷冻可保存一个月。
- 鱼汤如果想煮出奶汤，要先将鱼两面煎过。骨汤如果想煮出奶汤，中途不能加冷水，避免冷热水碰撞。

蔬菜高汤 5h

材料

胡萝卜 …… 2根
西芹茎 …… 6根
月桂叶 …… 2片
洋葱 …… 1/2个
蒜瓣 …… 1个
黑胡椒粒 …… 少许
水 …… 1～2升
香草束（百里香、迷迭香、欧芹等）…… 1束

做法

1. 将所有蔬菜洗净切块。
2. 取一只深锅，将蔬菜和其他配料加入，倒入足够没过食材的水，小火炖煮1.5个小时。
3. 中途注意撇去浮沫。
4. 将煮好的汤汁用滤网滤出，晾凉后密封保存；剩余蔬菜可以直接享用，或者另外煮汤粥类。

常备指南

牛骨高汤 8h

材料

牛骨 …… 3大块
水 …… 1～2升
西芹 …… 2根
洋葱 …… 1个
胡萝卜 …… 1根
月桂叶 …… 3片
黑胡椒粒 …… 少许
香草束（迷迭香、百里香、欧芹等）…… 1束

做法

1. 将牛骨用烤箱180°C烘烤45分钟，至表面呈焦褐色，取出。
2. 蔬菜都切大块备用。
3. 取一只深锅，放入烤好的牛骨、蔬菜和其他调料，煮至将沸未沸时，转小火，保持未沸状态，炖煮6~8小时，中途不时撇去浮沫。
4. 煮好后，用滤网将汤汁滤出，晾凉后密封保存；牛骨肉可以拆下来食用，蔬菜等也可以另外煮汤。

Tips

- 这样煮出的牛骨高汤呈焦褐色，如果想要颜色更浅的高汤，就不要事先烘烤牛骨，焯去血水后直接煮即可。
- 烘烤牛骨时，也可以在最后10分钟放入蔬菜同烤，会令蔬菜风味更浓郁。
- 香草束做法：将喜欢的香草用棉线扎成一束，煮汤时便于在提味后捞出，不至于煮烂。牛骨高汤和蔬菜高汤比较适合的香草搭配是百里香+欧芹+迷迭香。如果无法凑齐3种，只取其中一两种也可以。

可以传家的四川泡菜

Homemade Sichuan Pickles

材 料

工 具

密封玻璃罐……500毫升装

泡菜水用

水……（约为容器容量的1/2）250毫升

盐……（约为水的6%）15克

白砂糖（约为水的2%~3%）7克

花椒……1茶匙（约5克）

八角……1个

月桂叶……1片

川椒……适量

大蒜……3瓣

生姜……2片

野山椒（绿色泡椒）……5个

泡椒水……适量

高度数白酒……3克

做 法（制作泡菜水）

先将大蒜去皮，辣椒洗净并沥干表面水分；将泡菜用的容器提前洗净，热水烫煮杀菌后，彻底晾干。

将八角、花椒、月桂叶等干燥香料的浮尘冲洗干净，放入一只干净的锅中，加入清水，煮沸后关火，加盐和糖，搅拌化开后晾凉，即成基底泡菜盐水。

将2中冷却后的盐水倒入泡菜容器。

放入大蒜、生姜、辣椒，再加入野山椒和泡椒水。

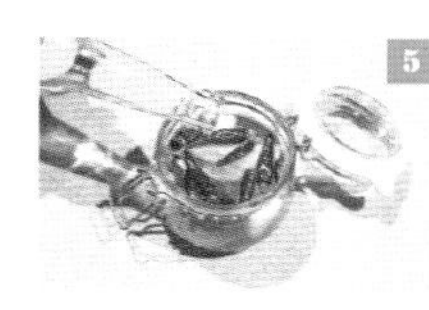

最后倒入白酒。

用无水无油的洁净筷子搅拌均匀，即成泡菜水。

Tips

- 做好的泡菜水需密封保存，开始的几天泡菜水会在罐内持续发酵，因此先等待一周后再用它来泡菜，发酵风味会更浓郁。如果使用的是密封罐，记得在第一周里，每天将盖子打开一次进行排气，几秒钟即可。后期开始泡菜后则不用每天打开，不定期打开查看泡菜状态即可。

泡制蔬菜时的注意事项

- 先去除蔬菜上不够新鲜的部位，然后洗净并充分晾干，即可放入泡菜罐内。
- 泡制蔬菜时，可以将一部分蔬菜先混合后放入容器，然后将泡菜水中的原始配料捞出来盖在其上，再将剩余蔬菜放入容器。注意不要完全装满，需预留距离瓶口3厘米左右的空间，以备发酵膨胀。
- 泡菜水一定要完全没过蔬菜及其他配料，如果泡菜水量不足，则泡制的蔬菜量也要适当减少。如果担心蔬菜在发酵过程中浮出表面，可以将较重的蔬菜压在上层。
- 泡好的泡菜口感应该是爽脆的，如果偏软，说明泡菜水过酸，可以在泡菜水中再加些盐，重新泡制。
- 如果要在泡菜罐中补加新的蔬菜，要先将老泡菜从罐中捞出，暂放入无水无油的洁净容器中，然后将新蔬菜放入泡菜罐底部，再将老泡菜盖到其上，密封保存。
- 泡菜中的亚硝酸盐在泡菜泡制第3~15天时浓度最高，因此尽量在泡菜开始泡的前3天，或15天后食用。
- 荤菜与蔬菜不能同泡，需另起一个容器单独泡制。
- 和泡菜水一样，腌制中的泡菜必须密封保存。夏天时建议冰箱冷藏，其他季节可以室温存放。

真正好吃的米饭

The Perfect Rice

1h / Feed 2

材 料

大米（能力范围内尽可能选择优质的）…………1杯（约150克）

水（尽可能用纯净水）…………适量

Tips

- 磨米时一定不能加水，因为会减少米粒之间的摩擦。

如何淘米

第一次淘洗

将大米倒入碗中，加入能没过大米的纯净水。

用手快速翻动搅拌2~3次。

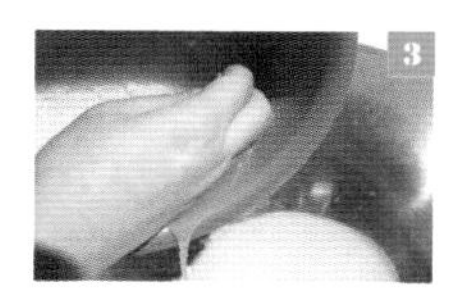

快速淘洗并将水倒出，这一步不要太慢，因为大米在吸收水分的同时，也会吸收米表面附着的杂质气味，所以应快速倒出。

磨 米

当水分充分滤出后，即可开始磨米。手呈握球状，伸入米盆中，保持顺时针或逆时针的同一方向，温柔地旋转搅动20次左右，力度不要过大，速度也不要过快，会令米粒破损。

最后淘洗

加入没过米的水，用手从底部向上快速翻拌搅动2~3次后，将淘米水倒出。再重新加水，重复淘洗动作，倒出；再加水，淘洗，倒出。如此重复至淘米水接近透明即可。

淘洗好的米，再加水浸泡半小时到1小时，口感更佳。

米与水的比例

糯米1杯（约150克）：水150毫升…………约1:0.8

精米1杯（约150克）：水200毫升…………约1:1.2

糙米1杯（约150克）：水240~360毫升…………约1:1.5

如何煮饭

将米与水加入电饭煲内，开启煮饭模式即可。

电饭煲完成煮饭后，又到了成就一碗好米饭的关键步骤：尽快打开电饭煲盖子，让蒸汽散出，并用纸巾吸除盖子内壁附着的水滴。然后，用饭勺将米饭中心划个十字。

沿着锅壁将四角的米饭轻轻拨散，这一步会令米饭内部的蒸汽充分散出，使米饭不易黏着，粒粒分明，盛到碗中，享用吧。

免揉基础面包

asic No-knead Breads

材 料

高筋粉	225克	盐	4克
全麦粉	25克	温水	
干酵母	2克	浸泡酵母用	5毫升
细砂糖	10克	面团用	150毫升

做 法

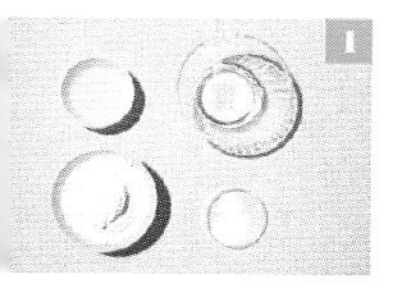

准备和称量所有材；将干酵母浸泡在5升的温水中，搅拌均，使酵母充分溶解。

将高筋粉、全麦粉、盐、砂糖、酵母液，全部加入大碗中。

再加温水，先加九成的水进行混合，如果仍较干，就继续加水。

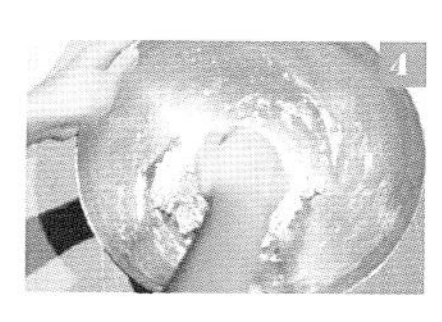

用手将碗中面团揉捏成形。

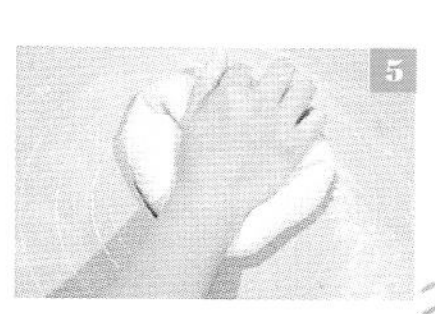

取出，在砧板或操作台上折叠、摔打（提起面团一端，将面团向下摔打在砧板上），反复此系列动作5分钟左右。

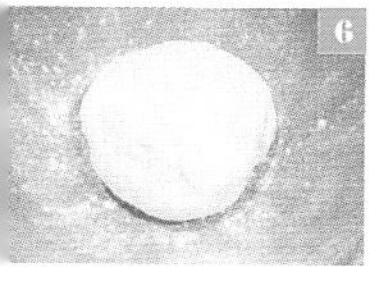

分钟后，将面团揉成形，放入发酵碗中。

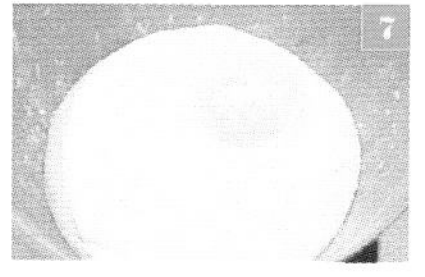

覆上保鲜膜，放入冰箱冷藏室，发酵8~10小时，至面团变成2倍大即可。

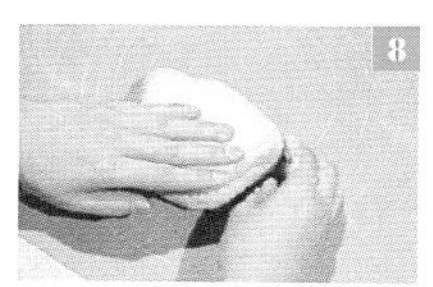

将一次发酵后的面团取出放在揉面垫上，轻轻压扁，折成四叠，整形为球状。

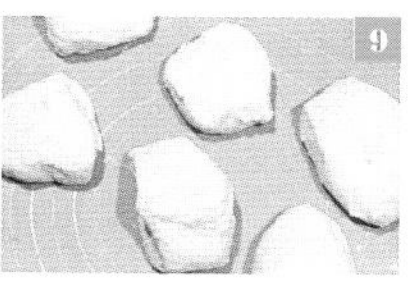

用刮板将面团切分成六等份。

在手中将每份小面团整形为球状。

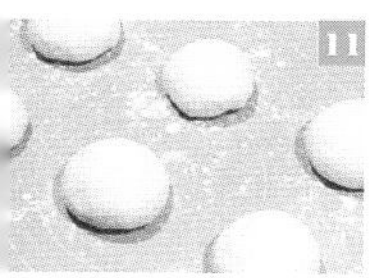

在揉面垫上，盖上湿，28~35°C室温下醒10~15分钟。饧发，将每块面团重新整为球状，底部捏紧收，放在已铺好烘焙纸烤盘上。

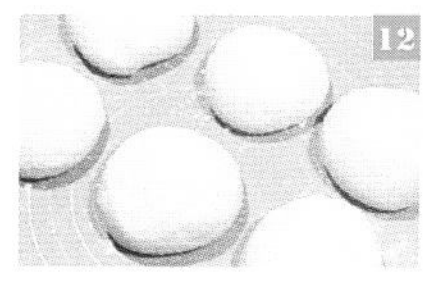

将烤盘移入烤箱二次发酵，底层放置另一烤盘，倒入60毫升左右的90°C热水；发酵20~30分钟，至面团变成两倍大即可。

取出面团，烤箱预热210°C；面团表面筛上一层高筋粉。

用割刀在面团表面中央划出割口，深度任意。

将面团放入烤箱，烤15分钟，取出冷却后食用。

软乎乎的厚松饼

Really Fluffy Pancakes

30 min / Feed 2 （直径10cm 约6块）

材 料

蛋黄 …………………… 2个

牛奶 ……………… 25毫升

细砂糖 ……………… 30克

色拉油（或玉米油）… 20克

低筋粉 ……………… 30克

泡打粉 ……1茶匙（4～5克）

蛋清 …………………… 2个

盐 …………………… 1～2克

柠檬汁 …1茶匙（约5毫升）

Tips

- 打发蛋清时请务必加点柠檬汁，能令蛋清发泡状态更稳定。
- 全程需保持小火，如果锅底很薄，温度容易升得较高，可以中途将锅离火冷却几秒钟，再放回火上。
- 低筋粉可以替换为中筋粉或高筋粉，口感会稍有不同，不过也很好吃。

做 法

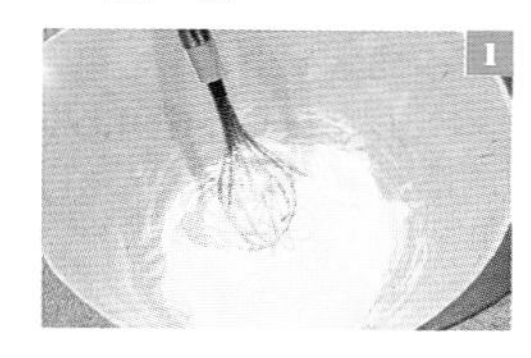

取一只大碗，放入蛋黄、牛奶、盐和色拉油，搅拌均匀后，加入过筛的低筋粉和泡打粉，混合均匀。

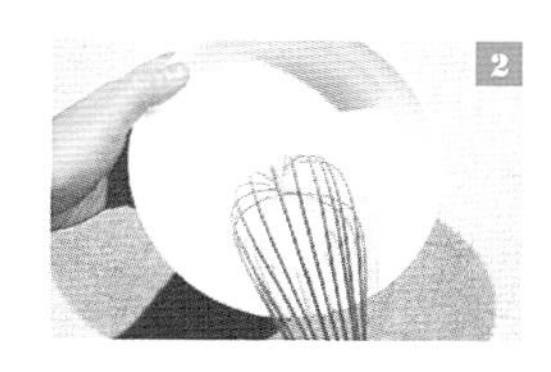

取另一只大碗，加入蛋清、柠檬汁，并分三次加入细砂糖，将蛋清搅打至硬性发泡（用手动或电动打蛋器皆可）。

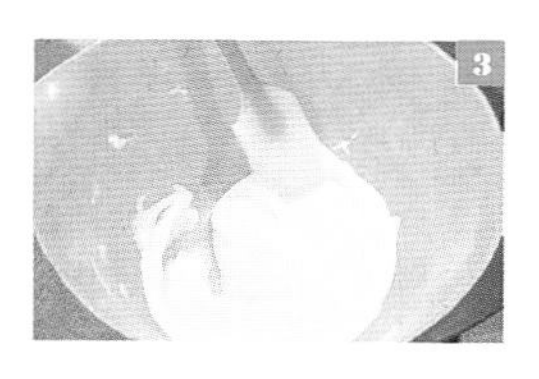

在1中加入2，最好分两三次加入，用刮刀快速切拌混合，注意避免搅拌过度，令蛋清消泡。

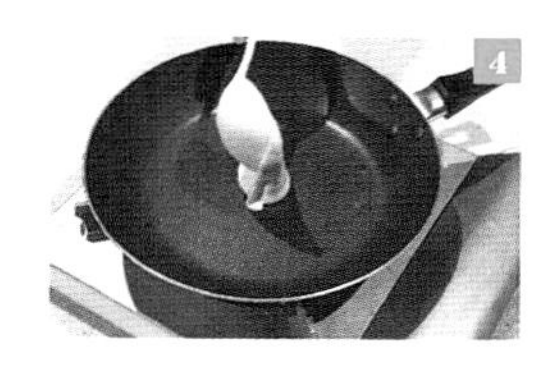

平底锅小火加热，淋入少许色拉油，用勺子将3的面糊舀入锅中，盖上锅盖，小火焖1分钟。

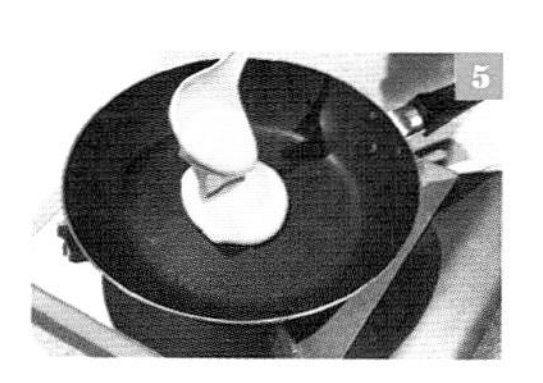

打开锅盖，在每块面饼上再各舀一勺面糊。

盖上锅盖，再焖2分钟。

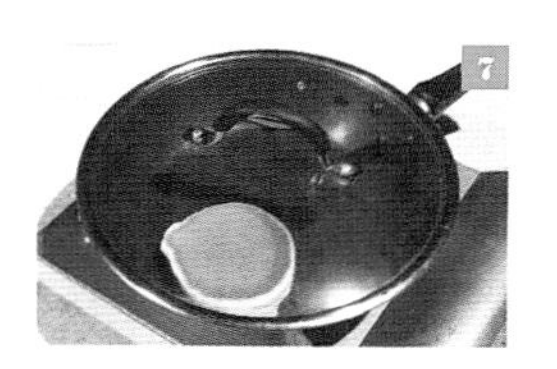

打开锅盖，翻面，重新盖上锅盖，最后再焖2分钟左右即可。

因松饼本身甜度不高，装盘后可以撒适量糖粉，或淋蜂蜜、枫糖浆等享用。

最简单的脆皮烤鸡腿

The Easiest Crispy Chicken Thighs

30min / Feed 1

材 料

鸡大腿	1根
海盐	3克
现磨黑胡椒	3克
干香草碎	适量
柠檬	半个
橄榄油	5毫升

Tips

- 鸡腿表皮戳孔这一步最好不要省略，这样能防止鸡皮在烘烤过程中收缩卷曲。
- 棒腿表面斜割几刀也不可省略，因为棒腿肉质较腿排更厚，同时烘烤时，内部较难烤透，割开几刀能让它和腿排在同样时间内烤到相近程度。
- 柠檬汁是点睛之笔，必不可少。但在烘烤之前，只需淋在鸡腿肉的一侧即可，表皮不要淋汁和抹油，使其保持干燥，才能烤出脆皮的状态。
- 干香草碎不是必需，但加一些能令风味层次更丰富。香草不限种类，可以是欧芹、百里香、迷迭香，也可以是意大利混合香草等，选用家中已有或容易买到的种类即可。

做 法

1 烤箱提前预热200°C；将鸡腿去骨，拆分成腿排和棒腿（具体方法详见P133），在腿排表皮上用叉子戳几个孔，棒腿表面用刀斜割几刀。

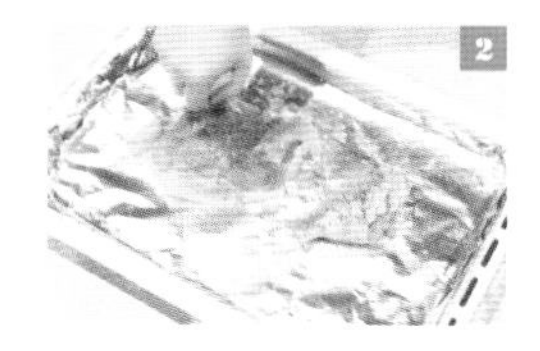

2 在烤盘中铺好铝箔纸，用哑光的一面接触食物。放上鸡腿排，表皮朝下，淋上适量橄榄油，均匀撒上适量盐、黑胡椒粉、干香草碎，再挤上较多的柠檬汁。

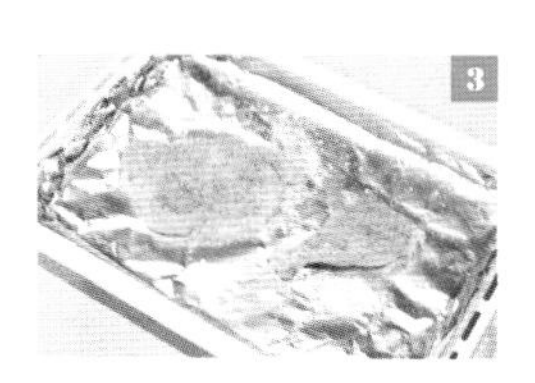

3 翻面，使表皮朝上，均匀撒上盐、黑胡椒粉和干香草碎。盐可以比反面稍多一些，能令表皮更脆。

4 将烤盘放入烤箱，200°C烘烤15分钟，165°C烘烤10分钟，调回200°C再烘烤5分钟即可。享用时可以再挤适量柠檬汁，风味更清爽。

不会失手的基础煎牛排

Basic Skills for Steaks

⏱ 10 min / Feed 2

材 料

牛排 ……………………………

1块（约250克，厚约1.5～2cm）

盐 …………………… 适量

黑胡椒粉 ……………… 适量

橄榄油 ………………… 适量

Tips

- 将牛排恢复室温这一步非常关键，温度较低的牛排肉质尚未松弛，直接煎烤十分影响口感。
- 尽量选用锅底较厚的不粘平底锅或铸铁锅，保温效果更好，牛排受热更均匀。
- 牛排出锅后的静置时间十分重要。这一步能令肉汁均匀渗入牛肉组织，使口感更佳。
- 出锅时的熟度可以比预期熟度略低一些，因为静置过程中，肉中余温会继续进行加热，静置后的牛排就会刚好达到理想熟度。
- 牛排侧面的白色油脂部分应尽量煎至透明，将油脂充分煎出。
- 牛排使用西冷、菲力、上脑皆可。

做 法

先将牛排解冻并恢复室温，至少提前半小时将已解冻的牛排从冷藏室取出。

用厨房纸巾吸除牛排表面水分。

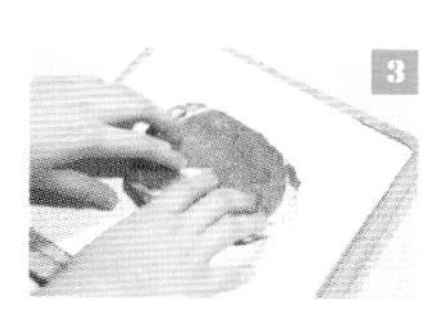

如果肉质还有些紧，可以用手给牛肉做个小按摩，让肉质松弛。

在牛排表面淋适量橄榄油。

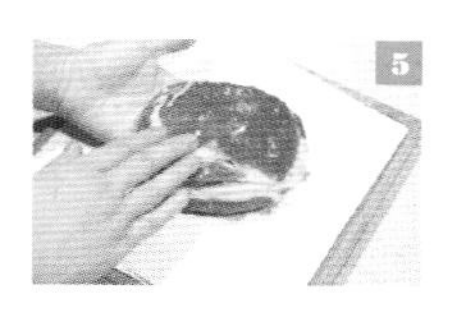

将油抹匀。

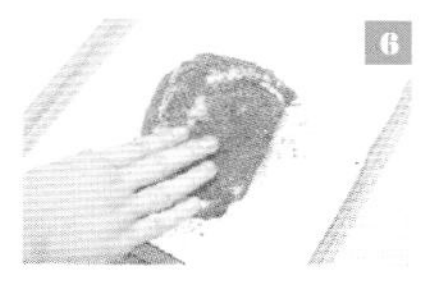

均匀撒上盐和黑胡椒粉。

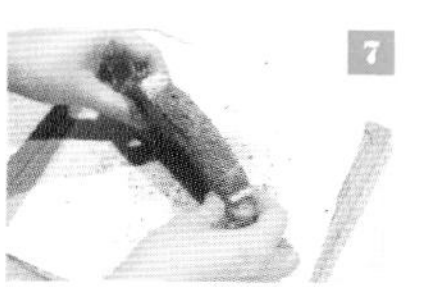

牛排侧面也尽量涂抹到，并轻轻按压揉搓使之入味。

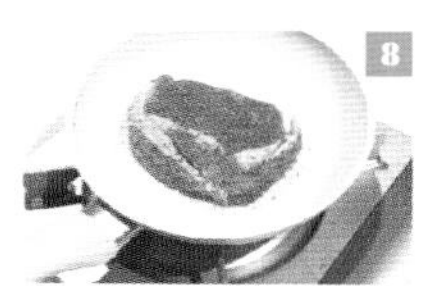

将平底锅或牛排锅中高火烧至足够热时，轻轻放入牛排，先把两面快速煎一下，每面约5秒。

然后转小火，将其中一面煎1分钟，翻面，再煎1分钟，之后出锅装盘静置5分钟后，约能达到五成熟度。

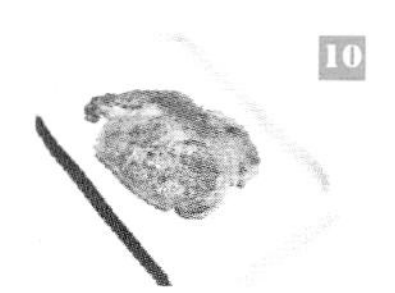

出锅，装盘，表面刷少许橄榄油，静置5~10分钟以后，即可享用。

上述时间对应的是1.5~2cm厚的牛排，如果是更厚的牛排，或者想要熟度更高，可以将每面煎制的时间增加1~2分钟。

常用食材计量换算表

Kitchen Conversion Table

1茶匙（1 tsp）≈ 5 cc　　1汤匙（1 tbsp）≈ 15 cc　　1杯（1 cup）≈ 240 cc

▶ 本表格是将1茶匙、1汤匙、1杯的食材单位换算为克（g），因此下表中所有数字单位为克（g）。

食　材	1茶匙	1汤匙	1 杯
水	5	15	240
天然海盐	5	15	220
精　盐	6	18	280
绵白糖	3	9	160
细砂糖	4	12	220
粗砂糖	5	15	240
红　糖	5	15	240
胡椒粉	2	6	120
辣椒粉	2	6	110
玉米淀粉	2	6	120
低筋粉	3	9	130
高筋粉	3	9	130
土豆淀粉	3	9	160
红薯粉	3	9	160
糯米粉	3	9	160
吉利丁粉	3	9	160
泡打粉	4	12	230
小苏打	4	12	230
干酵母	3	9	160
味　精	2.5	7.5	/
鸡　精	3	9	/
奶酪粉	2	6	110
面包糠	1	3	50
蜂　蜜	7	21	340
果　酱	7	21	300
蛋黄酱	4	12	230

食　材	1茶匙	1汤匙	1 杯
蕃茄酱	5	15	260
芝麻酱	5	15	260
味　噌	6	18	260
酱　油	6	18	260
蚝　油	6	17	/
醋	5	15	240
鱼　露	6	18	/
料　酒	5	15	240
味　啉	6	18	260
白　酒	5	15	240
清　酒	5	15	240
葡萄酒	5	15	240
食用油	4	12	220
黄　油	4	12	220
鲜奶油	5	15	240
牛　奶	5	15	250
酸　奶	5	15	260
精　米	/	/	200
糯　米	/	/	210
燕麦片	2	6	100
芝　麻	3	9	140
红　茶	2	6	100
咖啡粉	2	6	100
可可粉	2	6	110
抹茶粉	2	6	130
奶　粉	2	6	110

一年时令食材表

Seasonal Ingredients Calendar

月 份	蔬 菜	水 果	鱼 鲜
1月	菠菜、油菜、萝卜、胡萝卜、莲藕、山药、抱子甘蓝、花椰菜、卷心菜、慈姑、芹菜、西蓝花	金橘、莲雾、榴莲、青枣	鰤鱼、鲣鱼、鲷鱼、鲑鱼、鳕鱼、鱿鱼、牡蛎、河豚、红虾、蟹、蚬子、比目鱼
2月	茼蒿、油菜、萝卜、小葱、花椰菜、西蓝花、芜菁、山葵、卷心菜、慈姑、芹菜	柑、莲雾、榴莲、青枣、草莓	鮟鱇、白鱼、沙丁鱼、蟹、章鱼、扇贝、花蛤、红虾、蚬子、鱿鱼
3月	芥菜、油菜、茼蒿、葱、芜菁、生菜、芦笋、卷心菜、水芹、香菇、蕨菜、荠菜、马兰头	柑、芒果、莲雾、青枣、草莓	鲅鱼、马步鱼、鲱鱼、荣螺、文蛤、花蛤、黑鲷、比目鱼
4月	豌豆、春笋、鸭儿芹、马铃薯、牛蒡、蕨菜、山椒、芦笋、木耳、卷心菜、水芹、马兰头、香菇、芝麻菜、生菜、香椿	蜜柑、草莓、枇杷	刀鱼、鲷鱼、鲭鱼、马步鱼、鲳鱼、鲱鱼、飞鱼、黑鲷
5月	豌豆、洋葱、芦笋、韭菜、春笋、木耳、卷心菜、水芹、山椒、香菇、马铃薯、大蒜、芝麻菜、生菜	夏柑、芒果、哈密瓜、枇杷、杨梅、桑葚	鲷鱼、海狼鱼、带鱼、石鲈、沙鲮、鲣鱼、竹荚鱼、乌贝、鲽鱼、黑鲷、虾蛄
6月	马铃薯、洋葱、蚕豆、绿辣椒、紫苏、扁豆、毛豆、秋葵、木耳、黄瓜、嫩姜、西葫芦、大蒜、甜椒、青椒、生菜	梅子、枇杷、夏柑、樱桃、桑葚、杏、芒果、哈密瓜、杨梅、龙眼、荔枝、桑葚、榴莲、蓝莓	鲥鱼、海鳗、海狼鱼、带鱼、鲈鱼、鳗鱼、香鱼、黄鱼、竹荚鱼、泥鳅、海胆、对虾、乌贝、鲽鱼、章鱼、虾蛄
7月	黄瓜、番茄、茄子、青椒、南瓜、绿辣椒、秋葵、玉米、茗荷、毛豆、嫩姜、西葫芦、大蒜、甜椒	桃子、李子、西瓜、樱桃、甜瓜、杏、芒果、哈密瓜、柚子、龙眼、荔枝、榴莲、椰子、蓝莓	带鱼、海狼鱼、鲈鱼、鳗鱼、香鱼、红点鲑、竹荚鱼、泥鳅、海鳗、海胆、对虾、海带、蚬子、小龙虾、鲽鱼、章鱼
8月	黄瓜、番茄、茄子、青椒、南瓜、绿辣椒、秋葵、玉米、苦瓜、毛豆、扁豆、冬瓜、白瓜、西葫芦	西瓜、梨、葡萄、无花果、哈密瓜、桃子、柚子、杨桃、荔枝、榴莲、椰子、牛油果、蓝莓	沙丁鱼、海鳗、鲈鱼、黑鲷、鲍鱼、海胆、对虾、海带、小龙虾、章鱼
9月	南瓜、里芋、冬瓜、鲜姜、茄子、红薯、香菇、蟹味菇、上海青、舞茸	葡萄、梨、石榴、无花果、栗子、杨桃、芭乐、牛油果	沙丁鱼、秋刀鱼、鲭鱼、章鱼、海带、大闸蟹、海鳗
10月	白菜、萝卜、胡萝卜、里芋、红薯、花生、袖珍菇、金针菇、杏鲍菇、南瓜、银杏、山椒、香菇、蟹味菇、马铃薯、上海青、滑菇、舞茸、口蘑、芝麻菜	柿子、栗子、无花果、柚子、莲雾、百香果、芭乐	鲭鱼、鲅鱼、沙丁鱼、秋刀鱼、虾虎鱼、鲷鱼、海鳗、大闸蟹、带鱼
11月	白菜、牛蒡、芜菁、茼蒿、菠菜、大葱、金针菇、杏鲍菇、花椰菜、银杏、慈姑、山椒、香菇、马铃薯、上海青、滑菇、口蘑、芝麻菜、生菜	栗子、洋梨、柿子、蜜柑、柚子、荸荠、莲雾、百香果	鲅鱼、秋刀鱼、鲑鱼、海狼鱼、海鳗、带鱼、比目鱼、虾蛄
12月	萝卜、白菜、芜菁、葱、莲藕、山药、菠菜、杏鲍菇、花椰菜、卷心菜、慈姑、油菜、芹菜、西蓝花、生菜	蜜柑、柚子、荸荠、莲雾、榴莲、青枣	鳕鱼、鰤鱼、鮟鱇、鲅鱼、牡蛎、河豚、松叶蟹、海鳗、比目鱼、鱿鱼、章鱼、虾蛄

▶ 全年无休水果：橙子、葡萄柚、柠檬、猕猴桃、菠萝、香蕉、苹果、木瓜

常用食材热量表

Food Calorie Table

蔬菜类

食材	热量(大卡)/100克	食材	热量(大卡)/100克	食材	热量(大卡)/100克
冬瓜	12	卷心菜	25	洋葱	37
生菜	15	茼蒿	25	胡萝卜	39
黄瓜	15	香菇	25	蕨菜	40
芝麻菜	18	小葱	26	扁豆	42
西葫芦	18	木耳	26	秋葵	44
白菜	19	青椒	26	姜	47
上海青	19	口蘑	26	香椿	49
番茄	21	芥菜	27	紫苏	50
苦瓜	21	马兰头	27	山药	56
白萝卜	22	花菜	27	牛蒡	73
茄子	22	菠菜	28	莲藕	76
芦笋	23	韭菜	28	马铃薯	78
芹菜	23	芜菁	28	芋头	80
滑菇	23	荠菜	30	红薯	103
平菇	23	蟹味菇	30	豌豆	106
油菜	24	金针菇	31	玉米	113
春笋	24	杏鲍菇	34	大蒜	127
南瓜	24	抱子甘蓝	35	毛豆	132
甜椒	24	西蓝花	35	蚕豆	337
花椰菜	25	辣椒	37	银杏	350

水果类

食材	热量(大卡)/100克	食材	热量(大卡)/100克	食材	热量(大卡)/100克
西瓜	25	芒果	36	葡萄	43
木瓜	29	柠檬	36	菠萝	43
杨桃	30	李子	37	樱桃	45
草莓	31	杏	37	蜜柑	45
杨梅	31	莲雾	38	橙子	47
葡萄柚	32	柚子	41	梨	51
哈密瓜	35	枇杷	42	芭乐	52

水产类

食　材	热量（大卡）/ 100克	食　材	热量（大卡）/ 100克	食　材	热量（大卡）/ 100克
海　带	14	鳕　鱼	89	海　胆	121
乌　贝	55	石斑鱼	93	鲅　鱼	122
鲛　鳙	58	小龙虾	94	鮰　鱼	123
扇　贝	61	对　虾	94	海　鳗	123
蛤　蜊	61	飞　鱼	95	带　鱼	126
牡　蛎	74	海　蟹	96	金枪鱼	126
鱿　鱼	76	泥　鳅	97	石　鲈	126
太湖白鱼	78	黄　鱼	98	章　鱼	134
香　鱼	78	蚬　子	98	鲑　鱼	138
海　参	79	大闸蟹	104	三文鱼	138
虾　蛄	80	竹荚鱼	104	鲥　鱼	141
鲍　鱼	85	鲈　鱼	104	鲣　鱼	166
乌　贼	85	刀　鱼	105	秋刀鱼	169
河　豚	86	鲷　鱼	107	马步鱼	181
河　虾	88	比目鱼	113	鳗　鱼	182
沙丁鱼	88	草　鱼	114	鲭　鱼	201
荣　螺	88	鲻　鱼	118	鲕　鱼	256

肉禽类

食　材	热量（大卡）/ 100克	食　材	热量（大卡）/ 100克	食　材	热量（大卡）/ 100克
牛　肚	70	鸡　胗	119	鸡　心	173
鸭　胸	91	羊肉（瘦）	119	鸡　腿	182
鸭　胗	94	肥　羊	122	牛上脑	194
牛　腰	95	鸡　肝	122	猪大肠	195
羊　腰	97	牛腱肉	123	鸡　翅	195
猪　腰	97	牛肋条	124	鸭　肉	241
火鸡胸肉	102	肥　牛	126	鹅　肉	252
兔　肉	103	猪　肝	128	猪　蹄	261
羊肉（里脊）	104	猪　脑	132	牛腹肉	323
牛肉（瘦）	107	鸡　胸	132	牛胸肉	325
牛肉（里脊）	108	猪肉（瘦）	144	牛肩肉	343
鹌　鹑	111	猪肉（里脊）	156	猪五花肉	569

月程历 Monthly Plan

M			
T			
W			
T			
F			
S			
S			
M			
T			
W			
T			
F			
S			
S			
M			
T			
W			
T			
F			
S			
S			
M			
T			
W			
T			
F			
S			
S			
M			
T			
W			
T			
F			
S			
S			
M			
T			

M			
T			
W			
T			
F			
S			
S			
M			
T			
W			
T			
F			
S			
S			
M			
T			
W			
T			
F			
S			
S			
M			
T			
W			
T			
F			
S			
S			
M			
T			
W			
T			
F			
S			
S			
M			
T			

M			
T			
W			
T			
F			
S			
S			
M			
T			
W			
T			
F			
S			
S			
M			
T			
W			
T			
F			
S			
S			
M			
T			
W			
T			
F			
S			
S			
M			
T			
W			
T			
F			
S			
S			
M			
T			

M			
T			
W			
T			
F			
S			
S			
M			
T			
W			
T			
F			
S			
S			
M			
T			
W			
T			
F			
S			
S			
M			
T			
W			
T			
F			
S			
S			
M			
T			
W			
T			
F			
S			
S			
M			
T			

出版人 / Publisher
苏静 Johnny Su

主编 / Chief Editor
食帖番组 WithEating Channel

内容监制 / Content Producer
陈晗 Chen Han

平面设计 / Graphic Design
麦晓雯 Mai Xiaowen

运营总监 / Operations Director
杨慧 Yang Hui

策划编辑 / Acquisitions Editor
陈晗 Chen Han

责任编辑 / Responsible Editor
陈晗 Chen Han

特约撰稿人 / Special Editor
张浥晨 Zhang Yichen　谢睿 Xie Rui　冯子珍 Feng Zizhen

特约插画师 / Special Illustrator
麦晓雯 Mai Xiaowen

特约摄影师 / Special Photographer
冯子珍 Feng Zizhen